中国茶典藏

220种标准茶样

品鉴与购买

完全宝典

罗军 编著

中国纺织出版社

图书在版编目(CIP)数据

中国茶典藏：220种标准茶样品鉴与购买完全宝典 / 罗军编著. --北京：中国纺织出版社, 2016.9（2022.8重印）
ISBN 978-7-5180-2746-0

Ⅰ.①中… Ⅱ.①罗… Ⅲ.①茶文化－中国 Ⅳ.①TS971

中国版本图书馆CIP数据核字（2016）第144607号

策划编辑：樊雅莉　　责任印制：王艳丽

中国纺织出版社出版发行
地址：北京市朝阳区百子湾东里A407号楼　邮政编码：100124
销售电话：010—67004422　传真：010—87155801
http://www.c-textilep.com
E-mail: faxing@c-textilep.com
中国纺织出版社天猫旗舰店
官方微博http://weibo.com/2119887771
北京华联印刷有限公司印刷　各地新华书店经销
2016年9月第1版　2022年8月第8次印刷
开本：787×1092　1/16　印张：20
字数：298千字　定价：68.00元

罗军

著名茶文化专家，资深茶叶品牌策划顾问，浙江大学茶学系课程讲座教授。“茶香书香”品牌创始人，喜马拉雅FM《老罗说茶》主播，上海世博会“中国茶叶联合体”总策划。成功挖掘云南古树茶价值，主持研发的茶品成为第十届全运会唯一指定茶类礼品。创建中国首家“国茶实验室”，专注茶叶消费与传播模型研究。

央视茶主题纪录片《茶，一片树叶的故事》策划之一；并著有《中国茶密码》、《舌尖上的中国茶》、《中国茶品鉴图典》和《图说中国茶典》，其中《图说中国茶典》获得2011年度南国书香节“最受大众关注生活类图书”。

出版说明

标准茶样：

本书收录了220种中国茶样，是迄今为止国内同类图书中拍摄茶样彩图所达到的最大品种数目。所有茶样均来自“茶香书香”，包括了从祖国大江南北采集的最具代表性的大众茶种和具备传播价值的小众珍稀茶类，共计220种，所有茶样均保存于专业恒温冷库。

用标准审评方法冲泡：

本书的220种中国茶的冲泡均是由专业审评师于茶叶感官审评室内按照国家标准审评方法进行，冲泡而成的茶汤汤色和叶底形态均是标准形态。

专业评审器具：

本书所使用的评茶专用杯碗均采用精制成品茶审评杯碗：杯呈圆柱形，容量150毫升，与杯柄相对的杯口上缘有一个呈锯齿形的滤茶口；杯盖上有一个小孔；碗容量250毫升。

1:1原大比例：

本书提供的干茶图片（紧压茶和工艺茶除外），均为1:1原大比例展现实物，是目前国内图书的首创，便于读者对比干茶条索、色泽、嫩度等。

绝不误导读者：

目前国内茶市场并不规范，茶价混乱，品质不一，缺乏相应权威的界定标准。仅“茶香书香”国茶实验室在2013年铁观音应季时，就采集了70多种安溪铁观音的样本，每个样本价格都不同。即便是同一个品种的茶品，也存在茶叶产地、年份、时令季节、加工制作、品牌等差异，故本书不主张向读者提供茶品价格参考，并且我们认为标注价格的茶书是不负责任、毫无参考价值并误导读者的。

权威专业：

本书内容的策划、编写、审定等技术环节，均由“茶香书香”国茶实验室专业团队、专家团队、瑞雅书业团队等资深专业人员合作精心创制而成。

目录

CONTENTS

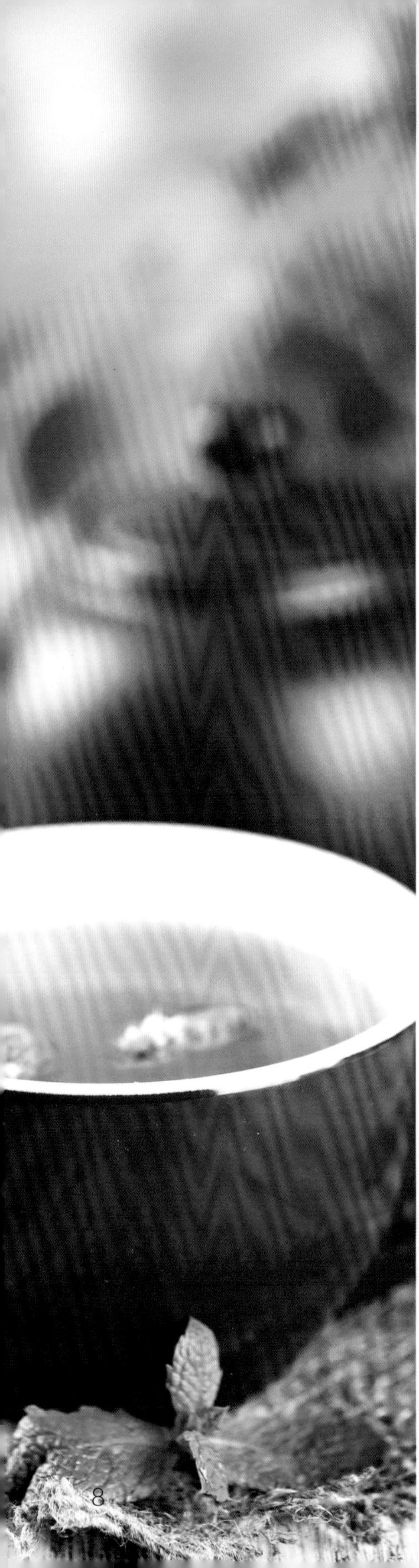

第三章 红茶

第四章 黑茶

第五章 黄茶

第六章 白茶

第七章 再加工茶

本书使用说明

主要产地： 每款茶主要产地的详细介绍，部分品类具体到乡镇和村组。

香气术语： 每款茶干嗅或冲泡后蕴含的独特香气的系统描述。

茶品名称：
每款茶的常用名称。

所属类别：
每款茶的所属产地、茶类，方便查找、检索。

细分类别：
根据制作工艺或形状的不同，对每类茶再进行细致分类，这是本书的独特周到之处。

滋味术语：
每款茶冲泡后的独特滋味描述。

色泽术语：
每款茶的干茶在自然条件下的颜色描述。

条索术语：
每款茶标准茶样的干茶形态描述。

西湖龙井

浙江绿茶

细嫩炒青绿茶

主要产地

浙江省杭州市西湖区的龙井村（狮峰山）、双峰村、茅家埠村、满觉陇村、梅家坞、龙坞、翁家山、杨梅岭、九溪等地

品质特征

条索： 扁平挺秀，光滑匀齐

色泽： 翠绿偏黄，呈糙米色

汤色： 嫩绿明亮

香气： 幽雅清高，有「兰花豆」香

滋味： 甘鲜醇和

叶底： 嫩绿，匀齐成朵

西湖龙井为历史名茶，以“色绿、香郁、味醇、形美”四绝著称于世，享有“百茶之首”“绿茶皇后”的美誉。依据地理标志产品保护的相关规定，只有在西湖风景名胜区和西湖区周边的那片168平方公里的产区种植、采摘并加工的龙井茶才能称为“西湖龙井茶”。

30

干茶：【与实物为1:1原大比例】
茶叶的成品原色、原大小图（此书除紧压茶和工艺茶外，其他干茶均为等大比例，这是本书区别于其他同类书的重要标志，便于对比干茶形状、色泽、嫩度等）。

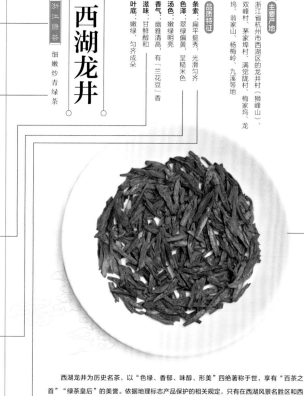

辉煌历程： 介绍本款茶的创制、发展、演变的过程及本款茶从诞生至今所取得的重要奖项或荣誉称号。

茶叶采摘： 介绍本款茶的采摘时间、采摘标准及具体的采摘方式和要求。

辉煌历程

西湖龙井始产于明末清初，明代将其列为上品，清代乾隆将其列为贡茶。新中国成立以后，西湖龙井即被选为“国家礼品茶”至今，位列中国十大名茶之首。

茶叶采摘

采摘龙井茶“一要早，二要嫩（特级茶采摘标准为一芽一叶和一芽二叶初展的鲜嫩芽叶），三要勤（茶农分四次按档次采摘芽叶）”。清明前三天最早采摘的称“明前茶”（一个嫩芽初迸状似莲心，故也称“莲心”），由于采摘量不多，因此极为珍贵，品质也最佳；谷雨之前采摘的茶又称“雨前茶”（一芽一叶，叶似旗，芽稍长形如枪，故又称为“旗枪”），产量比较多，品质尚好。立夏之前采三春茶，采一芽二叶初展的鲜叶，形似雀舌，故称为“雀舌”。

制作工序

采摘后经过摊放、炒青锅、回潮、分筛、辉锅、筛分整理（去黄片和茶末）、收灰贮藏等工序制作而成。特级（或传统）西湖龙井茶全是采用手工炒制，分抓、抖、搭、拓、捺、推、扣、甩、磨、压十大手法。

选购指导

西湖区的龙井茶分为“狮峰龙井”“梅坞龙井”“西湖龙井”三个品类，一般认为“狮峰龙井”品质最佳。购买时不仅要认准茶叶外包装上中国地图形状的“地理产地保护标志”，还要认清品牌，像“贡牌”“御牌”“狮峰牌”这些老牌子，质量一般都有保证。

品质鉴别

真品条形整齐，宽度一致，条索扁平，叶细嫩，手感光滑，色泽为糙米色，闻起来有清香味；假冒品夹蒂较多，手感不光滑，色泽为通体碧绿。就算是绿中带黄，也是黄焦焦的感觉，且多含青草味。

冲泡方法

冲泡龙井茶，多用玻璃杯，用下投法，先以沸水润茶，再以85℃左右的开水进行冲泡。

31

品质鉴别： 主要介绍本款茶从外观干茶到冲泡后的一些鲜明品质特征，便于鉴别茶品质的优劣。

冲泡方法： 介绍本款茶最适宜的冲泡用具及冲泡方法（包括茶叶用量、水温要求、冲泡时间等）。

汤色： 每款茶按照专业审评标准进行冲泡后所形成的茶汤颜色。

叶底： 每款茶按照专业审评标准进行冲泡后所展开的叶底状态。

选购指导： 根据本款茶的品质优劣、常见品牌、等级划分等信息，提供一些相应的选购指导，便于读者比较购买。

制作工序： 介绍本款茶从鲜叶到成品茶的过程中所包括的具体制作工序。

图▲ 树龄达3200年的“世界茶王之母”，位于凤庆县小湾镇锦绣村香竹箐。

茶树的植物形态

茶树的学名为Camellia sinensis（L.）O.Kuntze，是一种多年生木本常绿植物。Camellia是拉丁文“山茶属”的意思，sinensis是拉丁文“中国”的意思。茶树在植物分类学上属被子植物门，双子叶植物纲，山茶目，山茶科，山茶属。

茶树的树型

茶树的树型有乔木、小乔木和灌木之分。乔木型茶树树势高大，有明显的主干，一般树高达3～5米及5米以上，云南等地原始森林中生长的野生大茶树可高达10米以上，每当采茶季节，茶农往往要用梯子或爬到树上采茶；小乔木型茶树在福建、广东及云南西双版纳一带栽培较多，有较明显的主干，离地20～30厘米处分枝；灌木型茶树树冠较矮小、叶片较小，树高1.5～3米，无明显主干，栽培最多。

茶树的根

茶树的根由主根、侧根、细根、根毛组成。主根可垂直深入土层2～3米，一般栽培的灌木型茶树根系入土1米左右。主根和一二级侧根构成根系的骨架，起固定茶树、疏导养分、贮藏养分等作用。

茶树的茎

茶树的茎是联系茶树根与叶、花、果，输送水、矿物质和有机养分的轴状结构。在茎的顶端和节上叶腋处都生长有芽，当叶片脱落后，在节上留有的痕迹称为叶痕。

茶树的叶

茶树的叶片由芽发育而成，是茶树重要的营养器官。叶片进行光合作用，提供给茶树生长发育所需要的有机物质和能量。茶树叶片是单叶互生，边缘有锯齿（一般为12～32对），末端有短柄，面上有网状脉（主脉明显，并向两侧发出5～15对侧脉）。叶片形状以椭圆形和卵圆形最为常见。叶尖形状有圆尖、钝尖、渐尖、急尖（锐尖）四种，叶尖形状为茶树分类的依据之一。

茶树的芽

茶树的芽是枝、叶、花的原生体。位于枝条顶端的称顶芽，位于枝条叶腋间的称腋芽。顶芽和腋芽生长而成的新梢，是用来加工茶的原料。还有生长在茶树树干基部的不定芽，又称潜伏芽，一般处于休眠状态。一旦地上部被砍去， 或老枝灰枯，潜伏芽就能萌发生长成新枝，以延续生命周期。

茶树新梢具有轮性生长的特点，即第一次生长（春梢）：3月下旬～5月上旬；第二次生长（夏梢）：6月上旬～7月上旬；第三次生长（秋梢）：7月中旬～10月上旬。

茶树的花

茶树大多在10～11月开花。茶树的花为两性花，微有芳香，常为白色，少数呈淡黄色或粉红色。

茶树的果

茶树的果为蒴果，一般为三室，也有一室或二室的，少有四室或五室。每室1～5粒种子，茶树种子成熟后，果皮裂开，种子脱落。茶籽含有丰富的脂肪，可以榨油。

中国茶叶的分类

中国茶叶	基本茶类	绿茶	炒青绿茶	眉茶（特珍、珍眉、凤眉、秀眉、贡熙等）
				珠茶（平水珠茶、雨茶等）
				细嫩炒青（西湖龙井、老竹大方、洞庭碧螺春、南京雨花茶等）
			烘青绿茶	普通烘青（徽烘青、闽烘青、浙烘青、苏烘青等）
				细嫩烘青（黄山毛峰、太平猴魁、华顶云雾、高桥银峰等）
			晒青绿茶（滇青、川青、陕青等）	
			蒸青绿茶（煎茶、恩施玉露等）	
		红茶	小种红茶（正山小种、烟小种等）	
			工夫红茶（滇红、祁红、川红、宜红等）	
			红碎茶（叶茶、碎茶、片茶、末茶）	
		乌龙茶（青茶）	闽北乌龙（武夷岩茶中的水仙、大红袍、肉桂等）	
			闽南乌龙（铁观音、白芽奇兰、黄金桂等）	
			广东乌龙（凤凰单丛、凤凰水仙、岭头单丛等）	
			台湾乌龙（冻顶乌龙、文山包种等）	
		白茶	白芽茶（白毫银针等）	
			白叶茶（白牡丹、贡眉等）	
		黄茶	黄芽茶（君山银针、蒙顶黄芽等）	
			黄小茶（北港毛尖、沩山毛尖、温州黄汤等）	
			黄大茶（皖西黄大茶、广东大叶青等）	
		黑茶	湖南黑茶（安化黑茶等）	
			湖北老青茶（蒲圻老青茶等）	
			四川边茶（南路边茶、西路边茶等）	
			滇桂黑茶（普洱茶、六堡茶等）	
	再加工茶类	花茶（茉莉花茶、玫瑰花茶、珠兰花茶、桂花茶、玳玳花茶等）		
		茶粉（抹茶、超微茶粉等）		
		紧压茶（茯砖、饼茶、沱茶、方茶等）		
		萃取茶（速溶茶、浓缩茶）		
		果味茶（荔枝红茶、柠檬红茶、猕猴桃茶等）		
		含茶饮料（茶可乐、茶汽水、茶酒等）		

中国茶叶的制作过程

新鲜嫩绿的茶叶采摘下来需要经过加工制作才能成为令人唇齿留香、久久回味的茶饮。中国古代人民自从发现茶之后，就开始探索如何制作才能品到茶的真味，才能最大程度地保留茶香。在历代不断探索之下，制茶工艺也在不断进步，直至今天，已形成了完整的工艺流程。

绿茶的制作

绿茶属于不发酵茶，是人类制茶史上最早出现的加工茶，保留了鲜叶较多的天然物质，含有儿茶素、茶多酚、叶绿素、咖啡碱、氨基酸、维生素等营养成分。其干茶色泽和冲泡后的茶汤、叶底以绿色为主调，故得此名。绿茶品质特征为清汤绿叶，形秀、香高、味醇，性凉而微寒。制作绿茶需经杀青、揉捻、干燥等典型工序。

杀青：即在短时间内利用高温破坏鲜叶中的氧化酶的活性，抑制多酚类物质的酶促氧化反应，保持绿茶应有的绿汤绿叶，同时，还可以发散青臭气，产生茶香。杀青主要有锅炒杀青和蒸汽杀青两种形式。

揉捻：目的在于使芽叶卷紧成条，并使茶汁溢出，便于冲泡，使成茶滋味变得更加香浓。揉捻分手工揉捻和机器揉捻两种。

干燥：即挥发掉茶条中的水分，提高茶叶的香气。干燥的方法主要有炒干、烘干、晒干等。炒干是炒青绿茶的制作工艺，在炒锅中进行；烘干是烘青绿茶的制作工艺，多在烘笼、烘干机中

进行；晒干是晒青绿茶的制作工艺，利用日光晒干。

红茶的制作

红茶品质特征为红茶、红汤、红叶和香甜味醇，它是我国最大宗的出口茶，出口量占我国茶叶总产量的50%左右，其中，销量最多的是埃及、英国、巴基斯坦等地。

因为红茶的干茶色泽和冲泡的茶汤均以红色为主调，故名红茶。但红茶开始创制时被称为“乌茶”，所以英语称之为“Black Tea”，而非“Red Tea”。

红茶起源于16世纪的明朝，最早的红茶生产是从福建省武夷山的小种红茶开始的。

红茶属于全发酵茶，初制红茶的基本工序是萎凋、揉捻（揉切）、发酵、干燥四道工序。小种红茶在制作过程中增加了过红锅和熏焙两道工序。

萎凋：是使鲜叶适度失水和内含物得到转化的过程，从而使叶片变得柔软，为揉捻和发酵做好准备。萎凋方法有室内自然萎凋、日光萎凋、萎凋机萎凋等。

揉捻：破坏茶叶组织细胞，增加茶汤浓度；同时塑造茶叶的外形。

发酵：多酚类等成分发生酶促氧化变化，产生茶黄素、茶红素等氧化产物，形成红茶红汤的品质特征。

干燥：散失水分，发散青草气，从而提高香气，增厚滋味，同时烘至较低的含水量（控制在4%～5%），防止茶叶陈化变质。

过红锅：制作小种红茶的特殊工序。其作用在于停止发酵，保留发酵过程中产生的一部分可溶性茶多酚，使茶汤更加醇厚，并提高小种红茶的香气。

熏焙：将复揉茶叶放于烘青间的吊架上，地面放置未干的松木以明火燃烧，当松烟上升被茶叶吸收后，干茶便会带有独特的松烟香。

乌龙茶的制作

乌龙茶亦称青茶，属半发酵茶，其味甘浓而气馥郁，既具有绿茶的清香和花香，又具有红茶醇厚的滋味，性和不寒，久藏不坏。乌龙茶具有“绿叶红镶边”或“三红七绿”的色泽，高级的乌龙茶还有独特的“韵味”，如武夷岩茶具有岩韵，安溪铁观音具有观音韵。

乌龙茶的加工工艺主要有晒青、凉青、做青、杀青、揉捻（包揉）及烘焙等工序。

晒青：即在阳光下散发鲜叶中的水分，使叶内物质发生一定的化学变化，从而破坏叶绿素，除去青臭气，并为摇青（即做青）做好准备。

凉青：即在室内进行自然萎凋。将晒青后的茶叶放置于室内通风阴凉处散失热量，让鲜叶中的各部位水分得到重新分布，便于摇青。

做青：又称摇青，在滚筒式摇青机中进行，目的是使茶叶相互摩擦、碰撞，使叶缘细胞破裂从而促进茶多酚氧化，形成绿叶红镶边的特色，同时提高茶香浓度。

杀青：相当于绿茶杀青，目的是利用高温停止酶的活性，从而终止发酵，防止叶子继续变红，并进一步挥发出茶香和便于揉捻。

揉捻和烘焙：一般分两次进行，工序为初揉、初烘、复揉、复烘。这两个步骤是用来做形的，以便于茶叶达到弯曲成螺旋的外形，并揉出茶汁，使溢出的茶汁浓缩而凝固在叶子表面，方便冲泡。

黄茶的制作

黄茶起始于西汉，距今已有2000多年历史，主产于浙江、四川、安徽、湖南、广东、湖北等省。

在炒青绿茶制作过程中，人们发现由于杀青后未及时揉捻，或揉捻后未及时炒干，堆积过久，叶色即变黄，产生黄叶黄汤，于是就产生了新的品类——黄茶。

黄茶属轻发酵茶类，制作工序主要包括萎凋、杀青、揉捻、闷黄、干燥等。其特殊的“闷黄”工艺造就了自身独特的“干茶黄、汤色黄、叶底黄”三黄品质特征。

杀青：杀青的目的是挥发掉鲜叶中的一部分水分，钝化多酚酶的活性，

发散出青草味，形成黄茶清纯的香气特征。

闷黄：在揉捻前或揉捻后，或在初干前或初干后加以闷黄。目的在于通过湿热作用使茶叶中的成分发生化学变化，形成黄茶“黄汤黄叶”的品质特征。闷黄工艺分湿坯闷黄和干坯闷黄。

黑茶的制作

黑茶因其茶色呈黑褐色而得名，其品质特征是茶叶粗老、色泽细黑、汤色橙黄、香味醇厚，具有扑鼻的松烟香味。

黑茶属后发酵茶，其初制工序一般包括杀青、揉捻、渥堆和干燥四道。其中渥堆工序是形成黑茶品质特点的关键工序。

杀青：在炒锅中利用高温快炒成暗绿色。

揉捻：鲜叶经过杀青之后，再揉捻、晒干就可以作为黑茶的原料茶（即生散茶，或叫晒青毛茶）了。

渥堆：将晒青毛茶堆积起来，保持一定的温度和湿度（进行洒水），用湿布盖好，然后发酵。其发酵基本上是利用湿度来培养微生物，再借助微生物产生的大量热能与分泌的酶进行化学反应，使儿茶素与多酚类氧化降解，除了让茶汤有特殊香气与口感醇化外，还会产生许多有益于人体健康的抗氧化成分。在制作过程中，不同的温度、湿度及酸碱值，会产生不同的菌种，也因此对黑茶质量起决定性的影响。

干燥：如果制成紧压茶，将毛茶高温蒸软后，放入固定的模具定型，晒干后即成为紧压茶品。

白茶的制作

白茶的名字最早出现在茶圣陆羽的《茶经》七之事中，其记载：“永嘉县东三百里有白茶山。”白茶之所以得名，是因为干茶表面满披白色茸毛，如银似雪。

白茶是由宋代绿茶三色细芽、银丝水芽演变而来的，是我国茶类中的特殊珍品，素有“一年是茶，三年是药，七年是宝”之说。

白茶在历史上还曾被摆到药铺里售卖，这是因为白茶具有很高的药用价值，功效堪与犀牛角媲美。据古代医书记载：白茶性寒，具有解毒、退热、祛暑之功，自古以来就被视为辅助治疗麻疹的圣药，且其医药价值随贮存时间的延长而增长。

白茶属于轻微发酵茶，其制作方法很特殊，也很简单，既不杀青、揉捻，又不发酵，只有萎凋和干燥两道工序。

萎凋：分为日光萎凋、自然萎凋、加温萎凋等几种方法，这一点要视气候环境而定，以室内自然萎凋为最好。萎凋是形成白茶披满白毫的主要原因，且这一道工序并没有破坏茶叶中酶的活性，让白茶本身就保持了茶的清香和鲜爽。日光萎凋必须选择在太阳不猛烈且有微风的天气下进行。加温萎凋控制室温在28～30℃。

干燥：有直接阴干、晒干和烘干几种方法。阴干者，阴干达九成时收藏；晒干者，当天晒不干，第二天可继续晒；烘干者，一般要求萎凋初干达七八成干后，再行焙干。

花茶的制作

花茶是我国独特的茶叶品类，属于再加工茶的一种，也称窨花茶、熏花茶、香花茶、香片茶，由一种茶叶配以能够吐香的鲜花作为原料加工，采用窨制工艺制作而成。

熏花用的原料茶称茶坯或素坯，茶坯的选择是多种多样的，可以是绿茶、红茶或者乌龙茶中的某一种（以绿茶为最多）。

花茶窨制的基本工序：茶坯复火、玉兰花打底、窨制、通花散热、起花、复火、提花、匀堆装箱等。其中窨制是最关键的环节。

窨制：即鲜花吐香和茶坯吸收花香的过程。窨制工艺主要体现在茶叶与花之间吐纳吸香的火候掌握，窨制的时间长短决定着花茶最后成品的香味浓淡。也就是说，窨制的过程要掌握好配花量、花开放度、温度、水分、窨堆厚度、时间6个要素。

中国茶叶加工方法的形成与演变

第一阶段

从鲜叶晒干到加工成饼茶、团茶

在神农时代，古人开始咀嚼鲜叶，后又用鲜叶煮做羹饮，饮用或解百草之毒。如《晋书》中记载："吴人采茶煮之，曰茗粥。"到了春秋时期，人们就把鲜叶晒干后像中药一样贮藏、利用。到了三国时期，人们开始将茶叶制成茶饼，饮用时碾碎煮饮，这就是制茶的开始。后来饼茶发展成团茶，使茶叶从解毒、饮用发展成为饮料。

第二阶段

从蒸青到炒青

1.蒸青绿茶。大约在唐代末年，人们创制了蒸青绿茶。这种蒸青绿茶蒸后直接烘干，使茶的香味和内含成分完整地保存下来。

2.炒青绿茶。到了明代，人们在蒸青绿茶的基础上创制了炒青绿茶。以后饼茶、团茶被逐渐淘汰，形成了今天的炒青绿茶。

第三阶段

从茶条到碎茶、速溶茶

我国于20世纪60年代开始生产红碎茶，这是我国茶叶加工的一次重大变革，把原产于中国的、统治全球的条茶变革成了碎茶。20世纪70年代后速溶茶加工制作技术发展更快，从单一的红茶速溶茶发展到绿茶速溶茶、乌龙茶速溶茶等。目前，我国生产的速溶茶主要有红茶、绿茶、乌龙茶、花茶等。根据产品的速溶度可分为热溶型和冷溶型。

第四阶段

变茶为"水"，进入现代饮料家族

新兴的食品企业、饮料企业开始涉足于茶水饮料的研究与开发生产。可以预计，在今后的几年内，茶水饮料市场将会进入一个迅速发展时期，古老的茶叶将因此而得到新生。

茶叶的三大特性

茶叶易陈化变质，保管的好坏直接决定着茶叶的品质与价值。茶叶具有的特性，是由茶叶的理化成分、品质特点所决定的。想要很好地保存茶叶，就要了解茶叶的三大特性。

吸湿性

由于茶叶中含有许多亲水性的成分，如糖类、多酚类、蛋白质、果胶质等，而且茶叶又是疏松多孔物质，内部有很多细微小孔，具有毛细管作用，容易吸收空气中的水气和气体。因此，茶叶具有非常强的吸湿性。储存茶叶时一定要避免潮湿。

吸味性

由于茶叶中含有棕榈酸、萜烯类等物质及其多孔性的组织结构，因此，茶叶具有吸收异味的特性。根据茶叶的这一特性，人们一方面利用它来窨制各种花茶；另一方面又要禁止茶叶同有异味、有毒性的物品放在一起，避免使茶叶串味和污染。当然，如果鞋柜有异味，可以放点茶叶渣吸味。

陈化性

一般来说，绿茶、红茶的品质随保存时间的延长而逐渐变差，如色泽灰暗、香气降低、滋味平淡、汤色浑暗等。这一变化即被称为“陈化”，它是成分发生变化的一种综合表现。茶叶之所以会陈化，最重要的原因是氧化作用。这些变化在绿茶或红茶中更为明显。促使茶叶陈化的因素很多，如含水量增加、湿度上升、包装不严密、长期与空气接触或经过日晒等，都会极大加快茶叶的陈化。

茶叶功效大盘点

化学成分	干茶中的含量	主要组成物质	对茶叶品质的影响	功效
蛋白质	20%～30%	精蛋白、球蛋白、谷蛋白等	小部分溶于茶汤	维持人体正常代谢，增强自身免疫力
多酚类化合物	20%～35%	以茶多酚为主的多种酚类化合物	大部分可以溶于茶汤中，影响茶汤的颜色和滋味	抗氧化、抗菌、抗突变、抗癌、辅助降低血压、防止动脉粥样硬化及预防心血管病
糖类	20%～25%	葡萄糖、果糖、蔗糖、淀粉等	小部分溶于茶汤	兴奋神经中枢，消除疲劳
矿物质	4%～7%	镁、钙、氟、氮、磷、钾、铁、铝、锌、硒等40余种	大部分溶于茶汤中	防止味觉异常，抗氧化，促进新陈代谢，增强人体的免疫力等
生物碱	3%～5%	咖啡碱、茶叶碱、可可碱等	带有苦涩味，是构成茶汤滋味的主要因素	兴奋神经中枢，促进血液循环，抗氧化等
氨基酸	2%～5%	精氨酸、天冬氨酸、茶氨酸、谷氨酸、丙氨酸等	具有甘甜味，影响茶汤的滋味，并影响茶叶的香气	促进细胞再生，调整脂肪代谢，强心利尿等
维生素	0.6%～1.0%	B族维生素、维生素A、维生素D、维生素E、维生素K和维生素C等	大部分溶于茶汤中	止血，解毒，提高抵抗力，维持人体神经系统、循环系统和消化系统的正常功能等
植物色素	1.0%	类胡萝卜素、叶绿素、叶黄素、茶褐素等	影响茶叶色泽，不易溶于茶汤	消炎、抗菌、抗氧化等
芳香物质	0.01%～0.03%	青叶醇、苯甲醇、苯乙醇、香叶醇等300余种	构成茶叶的清香、甜香、栗香、花香等多种香气	放松身心、镇痛、镇静、除臭等

常用泡茶技艺

醒茶

所谓醒茶，就是使茶叶苏醒、焕发茶性，以便于冲泡饮用。比如，冲泡黑茶时，要将其放入冲泡器皿中，用95～100℃的沸水来醒茶；冲泡嫩度较好的绿茶、白茶时，要将其放入高温烫过的冲泡器皿中，再用80℃左右的开水醒茶。

浸润茶

用杯泡茶时，应先在杯中加入少量热水，然后将茶叶投入其中浸润，等到芽叶舒展，片刻后再冲入热水至七分满。

淋壶

选用紫砂壶、陶壶等泡茶时，淋壶是必不可少的环节。所谓淋壶，是指正泡冲水后，再于壶的外壁回旋淋浇，以提高壶的温度，也称“内外攻击”。

上投法、中投法、下投法

这三种方法是指杯泡绿茶的三种投茶方式。“上投法”是指先向杯中注入约七分满热水，再投茶，特别适用于碧螺春等细嫩紧致的茶，外形松散的茶叶忌用此法。“中投法”是指先向杯中注入1/3的热水，再投茶，轻摇润茶后再向杯中注水七分满，条索松散的绿茶一般都用此法冲泡。“下投法”是指先将茶叶投入杯中，再注入1/3的热水浸润茶，轻摇润茶后再向杯中注入开水至七分满。此法适用于条索扁平、自重轻的茶，如龙井茶。

高冲水，低斟茶

高冲水是指将水壶提高，向盖碗或茶杯内冲水，要做到水流不间断、不外溢，使茶叶随水翻滚。低斟茶是指出汤、分茶时，茶壶、公道杯等宜低不宜高，略高过杯沿即可。

茶具介绍

品茗杯和闻香杯

两者常搭配使用。双手掌心夹住闻香杯，靠近鼻孔，边搓动边闻香。

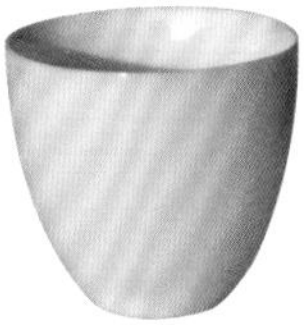

白瓷品茗杯

男士拿品茗杯手要收拢，以示大权在握；女士拿品茗杯可轻翘兰花指。

紫砂壶

用来泡茶的主要器具，具有透气不透水的特性，可以吸收有害物质。

盖碗

用盖碗品茶时，揭开碗盖，应先嗅盖香，再闻茶香。

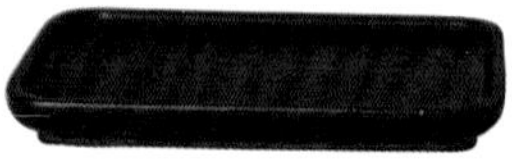

杯托

使用杯托给客人奉茶，显得卫生。使用后的杯托要及时清洗、晾干。

茶荷

茶荷用来欣赏茶叶，白色瓷质的茶荷更能衬托茶叶的性质、色泽。

锡罐

锡罐是储装茶叶的最佳容器之一，常用来贮藏高级茶叶。

陶罐

陶罐一般用来存放红茶、黑茶这些全发酵、后发酵的茶。

公道杯

用来分茶，使茶汤均匀一致。分茶时，每个品茗杯应保证七分满。

水盂

水盂用来盛接凉了的茶汤和废水，功效相当于废水桶。

过滤网

过滤网用来过滤茶渣，使用后要及时去除茶渣，并用清水冲净。

过滤网和滤网架

滤网架用来放置过滤网，过滤网和滤网架可以成套使用。

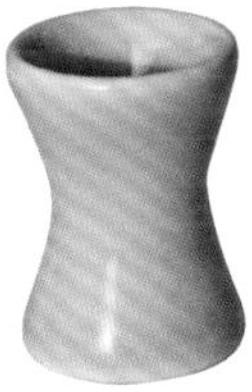

盖置

盖置用来放置壶盖，防止壶盖直接与茶桌接触，以示洁净。

茶盘

茶盘是用以盛放茶杯或其他茶具的盘子。

茶道用具组合

也称“茶道六君子”，包括茶则、茶匙、茶漏、茶针、茶夹、茶筒。

竹质茶则

用来量取茶叶，即从茶叶罐中取出茶叶放入茶荷中。

茶巾

茶巾只能擦拭茶具的外部，不能用来擦拭茶具的内部。

茶锥

使用茶锥撬紧压茶（如沱茶紧结，不易拆散），一边施力一边撬动。

中国四大茶区

茶区是自然、经济条件基本一致，茶树品种、栽培、茶叶加工特点以及今后茶叶生产发展任务相似，按一定的隶属关系较完整地组合而成的区域。我国分四大茶区，即江南茶区、江北茶区、西南茶区和华南茶区。

江南茶区

区域范围

江南茶区的区域范围在长江以南，大樟溪、雁石溪、梅江、连江以北，包括广东北部、广西北部、福建中北部、湖南、江西、浙江、湖北南部、安徽南部、江苏南部等地。

气候特征

江南茶区大多处于低丘、低山地区，也有海拔在1000米以上的高山，如浙江的天目山、福建的武夷山、江西的庐山、安徽的黄山等。江南茶区基本上属于亚热带季风气候，南部则属于南亚热带季风气候。整个茶区气候温暖，四季分明，年平均降水量达1000～1400毫米，以春季为多。但晚霜和北方寒流会对江南茶区的北部带来危害，茶树容易受到冻伤。部分茶区夏日高温可达40℃以上，会发生伏旱或秋旱。

茶树品种

江南茶区的茶树品种主要以灌木型为主，小乔木型茶树也有一定的分布，如鸠坑种、龙井43、浙农12、福云6号、政和大白茶、水仙、肉桂、福鼎大白茶、祁门种、上梅洲种等。

茶类品种

生产的茶类品种主要有绿茶、乌龙茶、黑茶、白茶、花茶等，如西湖龙井、洞庭碧螺春、黄山毛峰、安化黑茶、福鼎白茶等。

江北茶区

区域范围

江北茶区的区域范围位于长江以北，秦岭淮河以南及山东沂河以东部分地区， 包括甘肃南部、陕西南部、河南南部、山东东南部和湖北北部、安徽北部、江苏北部，是我国最北的茶区。

气候特征

江北茶区地形较复杂，降水量偏少，一般年降水量在1000毫米以下，个别地方更少。整个茶区四季降水不均，夏季多而冬季少，土壤多为黄棕土，部分茶区为棕壤。与其他茶区相比，江北茶区气温低，积温少，茶树新梢生长期短，年平均极端低气温-10℃左右，个别地区可达-15℃，容易造成茶树严重冻害，因此必须采取防冻措施。

茶树品种

江北茶区的茶树品种主要是抗寒性较强的灌木型中叶种和小叶种，如信阳群体种、紫阳种、祁门种、黄山种、龙井系列品种等。

茶类品种

生产的茶类品种主要为绿茶，如信阳毛尖、紫阳毛尖、雪青茶等。

华南茶区

区域范围

华南茶区的区域范围主要包括福建大樟溪、雁石溪，广东梅江、连江，广西浔江、红水河，云南南盘江、无量山、保山、盈江以南等地区，还包括福建东南部、广东中南部、广西南部、云南南部及海南、台湾。

气候特征

华南茶区的水热资源丰富，高温多湿，整个茶区年平均气温19~22℃，全年平均降水量可达1500毫米，但冬季降水量偏少，容易形成旱季。部分被森林覆盖下的茶园，土壤肥沃，有机质含量高，很适合茶树的生长。全区大多为赤红壤，部分为黄壤。近年来，不少地区由于植被破坏，使土壤埋化性状不断趋于恶化。

茶树品种

华南茶区的茶树品种资源极其丰富，主要为乔木型大叶类品种，小乔木型和灌木型中小叶类品种也有分布，如海南大叶种、勐库大叶茶、铁观音、凤凰水仙、英红九号等。

茶类品种

生产的茶类品种有红茶、绿茶、黑茶、乌龙茶和花茶等，如海红工夫、滇

绿、凤凰水仙、铁观音、六堡茶、高山乌龙、冻顶乌龙等。

西南茶区

区域范围

西南茶区的区域范围包括米仑山及大巴山以南、红水河、南盘江、盈江以北、神农架、巫山、方斗山、武陵山以西、大渡河以东，包括云南中北部、四川、重庆、贵州及西藏东南部。西南茶区是我国最古老的茶区，是茶树的原产地。

气候特征

西南茶区地形复杂，地势较高，大部分茶区分布在海拔500米以上的高原，属于高原茶区，也有部分茶区分布在盆地。整个茶区土壤类型较多，在云南中北部多为赤红壤、山地红壤和棕壤，重庆、四川、贵州及西藏东南部则以黄壤为主。茶区各地气候变化大，年平均气温15～18℃，年降水量大多在1000毫米以上，雾多，对茶树的生长十分有利。

茶树品种

西南茶区的茶树品种资源十分丰富，栽培的茶树也多，乔木型大叶种和小乔木型、灌木型中小叶品种全有，如南江大叶茶、崇庆枇杷茶、早白尖5号、十里香等。

茶类品种

生产的茶类品种有绿茶、红茶、普洱茶、边销茶和花茶等，如永川秀芽、贵定云雾茶、康砖、方包茶等。

第一章

绿茶

Lü Cha

绿茶是中国主要茶类之一，也是生产历史最久、品类最多的一类茶。目前以浙江、四川、湖北、湖南、安徽、贵州等省所产居多。绿茶的外观造型千姿百态，干茶颜色和茶汤、叶底都以绿色为主调，清汤绿叶甚是诱人。由于是未经发酵制成的茶，绿茶中保留了鲜叶中更多的天然物质，经常饮用，对防癌、抗癌、降血脂、防辐射等具有特殊效果。

西湖龙井

浙江绿茶

细嫩炒青绿茶

主要产地

浙江省杭州市西湖区的龙井村（狮峰山）、双峰村、茅家埠村、满觉陇村、梅家坞、龙坞、翁家山、杨梅岭、九溪等地

品质特征

条索：扁平挺秀，光滑匀齐

色泽：翠绿偏黄，呈糙米色

汤色：嫩绿明亮

香气：幽雅清高，有『兰花豆』香

滋味：甘鲜醇和

叶底：嫩绿，匀齐成朵

西湖龙井为历史名茶，以“色绿、香郁、味醇、形美”四绝著称于世，享有“百茶之首”“绿茶皇后”的美誉。依据地理标志产品保护的相关规定，只有在西湖风景名胜区和西湖区周边的那片168平方公里的产区种植、采摘并加工的龙井茶才能称为“西湖龙井茶”。

辉煌历程

西湖龙井始产于明末清初，明代将其列为上品，清代乾隆将其列为贡茶。新中国成立以后，西湖龙井即被选为“国家礼品茶”至今，位列中国十大名茶之首。

茶叶采摘

采摘龙井茶“一要早，二要嫩（特级茶采摘标准为一芽一叶和一芽二叶初展的鲜嫩芽叶），三要勤（茶农分四次按档次采摘芽叶）”。清明前三天最早采摘的称“明前茶”（一个嫩芽初迸状似莲心，故也称“莲心”），由于采摘量不多，因此极为珍贵，品质也最佳；谷雨之前采摘的茶又称“雨前茶”（一芽一叶，叶似旗，芽稍长形如枪，故又称为“旗枪”），产量比较多，品质尚好。立夏之前采三春茶，采一芽二叶初展的鲜叶，形似雀舌，故称为“雀舌”。

制作工序

采摘后经过摊放、炒青锅、回潮、分筛、辉锅、筛分整理（去黄片和茶末）、收灰贮藏等工序制作而成。特级（或传统）西湖龙井茶全是采用手工炒制，分抓、抖、搭、拓、捺、推、扣、甩、磨、压十大手法。

选购指导

西湖区的龙井茶分为“狮峰龙井”“梅坞龙井”“西湖龙井”三个品类，一般认为“狮峰龙井”品质最佳。购买时不仅要认准茶叶外包装上中国地图形状的“地理产地保护标志”，还要认清品牌，像“贡牌”“御牌”“狮峰牌”这些老牌子，质量一般都有保证。

品质鉴别

真品条形整齐，宽度一致，条索扁平，叶细嫩，手感光滑，色泽为糙米色，闻起来有清香味；假冒品夹蒂较多，手感不光滑，色泽为通体碧绿。就算是绿中带黄，也是黄焦焦的感觉，且多含青草味。

冲泡方法

冲泡龙井茶，多用玻璃杯，用下投法，先以沸水润茶，再以85℃左右的开水进行冲泡。

汤色：嫩绿明亮
叶底：匀齐成朵

浙江绿茶

浙江龙井

扁形炒青绿茶

主要产地

浙江省钱塘江流域的萧山、千岛湖、富阳一带及绍兴市新昌县、嵊州市一带

品质特征

条索：扁平光滑，尖削挺直

色泽：翠绿鲜润

汤色：嫩绿明亮或杏绿明亮

香气：清香悠长

滋味：甘醇

叶底：嫩绿匀整

汤色：杏绿明亮
叶底：嫩绿匀整

2001年11月，由国家核准，龙井茶产区正式扩大为西湖区、钱塘区、越州（绍兴）区三大区域。其中西湖产区的茶叶叫做西湖龙井，而其他两地产的茶叶俗称为浙江龙井。

制作工序

制作工艺与西湖龙井相仿，分摊放、杀青、摊凉、炒二青、辉锅等工序，炒制包括抓、抖、抹、搭、捺、扣、压等操作手法。

品质鉴别

◎**看干茶**：西湖龙井的芽头肥壮，干茶颜色偏黄；而浙江龙井的芽头略显“清瘦”，干茶颜色显绿。

◎**闻香味**：西湖龙井嫩香中带清香，而浙江龙井带点机器炒制的火工味。

◎**尝味道**：西湖龙井入口回甘，甘鲜醇和，回味十分明显，而浙江龙井尝起来有点涩。

浙江绿茶

松阳银猴

卷曲形绿茶

品质特征

条索：卷曲多毫，形似猴爪

色泽：墨绿光润或绿润

汤色：嫩绿清澈

香气：清高持久

滋味：浓醇爽口

叶底：嫩绿成朵

主要产地

浙江省丽水市松阳县瓯江上游古市区半古月『谢猴山』一带

汤色：嫩绿清澈
叶底：嫩绿成朵

松阳银猴为浙江省新创名茶，创制于20世纪80年代初，2004年、2009年被评为“浙江省十大名茶”。此茶冲泡后状如深山中活泼可爱的小猴子，惹人喜爱，加盖24小时后，揭盖仍能闻到浓郁的清香味，无愧为茶中之上品。

采摘与制作工序

清明前后10天开始采摘，以一芽一叶初展鲜叶为标准。芽叶采摘后经摊放、杀青、揉捻、造型、烘干等工序制成。

选购指导

松阳银猴包括银猴山兰、银猴龙剑、银猴香茶等系列产品，品质各有千秋，可根据个人喜好进行选购。

品质鉴别

从外形上看，松阳银猴茶弓弯似猴，壮实卷曲多毫，冲泡后，内质香气清香持久，显栗香，汤色嫩绿清澈，叶底嫩绿成朵。

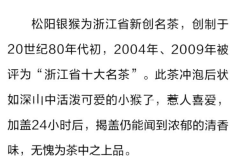

开化龙顶

浙江绿茶

半烘炒型绿茶

主要产地

浙江省衢州市开化县齐溪镇的大龙村、苏庄镇的石耳山及溪口乡的白云山一带

品质特征

条索：紧直挺秀，尤如『青龙盘白云』

色泽：白毫披露，银绿隐翠

汤色：杏绿，清澈明亮

香气：鲜嫩清幽

滋味：鲜爽回甘

叶底：匀齐成朵

开化龙顶为新创名茶，属于绿茶中的高山云雾茶，由于主要产地气候适宜，空气清新，孕育出的开化龙顶茶具有特殊的清香。开化出好茶的历史悠久，据历史记载，明崇祯四年就已经是贡茶的主要产区之一。

辉煌历程

开化龙顶茶创制于1959年，曾经一度夭折，1979年再度问世，恢复生产。该茶于1982年获浙江省名茶证书；1985年获“全国名茶”称号；1992年获首届中国农业博览会金奖；2004年被评为“浙江省十大名茶”；2011年被授予“中国驰名商标”。

茶叶采摘

龙顶芽茶一年采三季，即春茶、夏茶、秋茶。开化龙顶一般采于清明前，选取生长健壮的一芽一叶或一芽二叶初展鲜叶，原料以一芽一叶为主，不采紫芽、病虫叶、受冻叶。采回的鲜叶经精细拣剔（剔除对夹叶和鱼叶），按芽叶长短、老嫩分级摊放，保持芽叶失水均匀，便于分级炒制。

制作工序

鲜叶采摘后经摊放、杀青、揉捻、初烘、理条、（低温）烘干等工序。龙顶茶炒制好后，仍然是个圆柱体，而且头轻脚重，所以龙顶茶泡好后，会根根竖立。

选购指导

开化龙顶以齐溪镇大龙村的黄泥叉义山所产的品质较佳，春天清明节前的茶是顶级精品龙顶，品质最佳，价格也最贵；秋龙顶茶品质次之；夏茶不及春茶和秋茶。

另外，开化龙顶成品茶分特、一、二级3个级别。

品质鉴别

◎极品开化龙顶茶在灯光下观看，芽头光韵明显，细小紧结。

◎上品的开化龙顶茶有兰花香、板栗香，尤以兰花香为佳。

冲泡方法

冲泡形美、色绿的开化龙顶茶以透明玻璃杯为佳，可边沏茶边赏茶。先在玻璃杯中倒入80℃左右的开水，再放入茶叶（先水后茶）。置茶后不要急着品尝，需等到芽尖从水面徐徐下沉至杯底，叶芽展开，绿叶包容着嫩芽，竖立杯中似金枪直立，幽香扑鼻而来时，才是品尝茶汤的最佳时候。

汤色：清澈明亮
叶底：匀齐成朵

主要产地

浙江省丽水市景宁畲族自治县敕木山惠明寺一带，主要位于海拔500~700米的敕木山腰一带

品质特征

条索：肥壮紧结，直略扁

色泽：翠绿显毫

汤色：嫩绿明亮

香气：清高持久，带有花果香

滋味：鲜爽甘醇

叶底：嫩匀成朵

金奖惠明茶

浙江绿茶

细嫩炒青绿茶

金奖惠明茶为历史名茶，其“一杯鲜，二杯浓，三杯甘醇，四杯五杯韵犹存”，味浓持久，回味鲜醇甜，正是高雅名茶之特色，堪称名茶极品。

辉煌历程

据传唐代惠明寺已有产茶，明成化十八年（1482年），惠明茶被列为贡品，后来于1915年获巴拿马万国博览会一等证书及金质奖章，从此人们称其为“金奖惠明”。该茶1982年、1986年两次被商业部评为全国名茶；2004年、2009年被评为“浙江省十大名茶”；2010年荣获上海世博会名茶评比绿茶类金奖。

茶叶采摘

一般于春分前后开始采摘，要求“一嫩、二匀、三鲜”。“一嫩”即采摘标准以一芽一叶为主；“二匀”即大小、长短基本一致；“三鲜”即茶篓洁净、透气，芽叶轻放篮中不强压，禁采雨水叶和露水叶，当天采摘当天制作完毕。

制作工序

鲜叶采摘后经摊青、杀青、揉捻、理条、提毫整形、摊凉、炒干等工序加工而成。在手工炒制的过程中，茶叶在杀青后逐步降低锅温，在锅中边揉条、边抛炒，当茶条初具弯曲时，改用滚炒与抛炒相结合的手法整形。为了提高效率，现已开始使用机械制茶。

选购指导

金奖惠明茶设特一、特二、特三为高档名茶；1～2级为中档名茶；3～4级为低档名茶。品质最为珍贵的是清明前的金奖惠明茶。

金奖惠明茶以敕木山惠明寺和漈头村一带所产的最为正宗，购买时应认准“惠明”品牌商标（经整合后景宁惠明茶统一使用“惠明”商标）。金奖惠明茶有“雨巷牌”“腾云金龙牌”等名牌产品。

品质鉴别

正品金奖惠明茶本身带有淡淡的兰花香气，闻起来也有丝丝的甜味，冲泡后花香馥郁，有兰花香味、水果甜味，杯中芽芽直立，栩栩如生。

冲泡方法

金奖惠明茶较细嫩，宜用透明的玻璃杯冲泡，水温以85℃左右为宜，茶与水的比例也要恰当，通常茶叶与水之比为1：50～1：60（即1克茶叶用水50～60毫升）。

汤色：嫩绿明亮
叶底：嫩匀成朵

径山茶

浙江绿茶

细嫩炒青绿茶

主要产地

浙江省杭州市余杭区径山镇（径山村）、余杭街道、黄湖镇、鸬鸟镇、百丈镇、闲林街道、中泰街道、瓶窑镇、良渚街道

品质特征

条索：纤细苗秀，细嫩显毫

色泽：翠绿

汤色：嫩绿莹亮

香气：鲜嫩栗香

滋味：甘醇爽口

叶底：嫩匀成朵，嫩绿明亮

径山茶为当代恢复生产的历史名茶。说到径山茶，主要是指最具代表性的径山毛峰，它是经烘制而成的卷曲形特种绿茶（经统一品牌后，径山茶是一个系列产品，包括“径山毛峰”“径山玉露”和“径山龙井”三大花色品种）。

辉煌历程

径山茶始于唐代，闻名于两宋，从宋代起就被列为“贡茶”。1978年，径山茶恢复生产，1985年被农牧渔业部评为“全国名茶”，以后相继获得“中华文化名茶”“浙江省名牌产品”“中国原主要产地证明商标”（2003年，经国家商标局核准，径山茶获得国家原主要产地证明商标）、“浙江省十大名茶”“中国驰名商标”等称号。

茶叶采摘

采摘标准为一芽一叶或一芽二叶初展鲜叶，在谷雨前后采摘，一般以谷雨前采制品质为佳。

制作工序

鲜叶采摘后经摊放、小锅杀青、扇风摊凉、轻揉解块、初烘摊凉、文火烘干等几道工序制作而成。

选购指导

径山茶以径山凌霄峰所产品质为最佳，以四壁坞所产品质为较好。径山茶有“古钟”“佛鼎”“双径”等著名子商标，其中“古钟牌”径山茶保持了9年的“省著名商标”称号，品质值得信赖。古钟茶厂生产的“佛鼎牌”径山茶口碑和信誉都不错。径山茶每个产品包装内都有“径山茶”宣传页和“质量跟踪卡”，包装外统一标有“中国驰名商标”和“中华人民共和国地理标志证明商标”的图案，并统一贴有“防伪标志”“等级标签”。

品质鉴别

径山毛峰茶质量等级主要分特级、一级、二级、三级。采摘环节的掌控与径山茶炒制后的级别标准有直接关系。很多人认为明前茶是最好的，然而对于径山茶，明前茶大多属于早熟品种，而最好的品种是清明节时开采的“鸠坑”，用此品种制作的径山茶在色泽、口感方面俱佳。

冲泡方法

径山茶宜用透明的玻璃杯冲泡，水温以80～85℃为宜，宜用“上投法”冲泡，即先注水，后投茶，然后欣赏茶叶（二叶一心）如天女散花一般，徐徐沉落杯底。

汤色：嫩绿莹亮
叶底：嫩匀成朵

武阳春雨

浙江绿茶

半烘炒型绿茶

主要产地

浙江省金华市武义县俞源乡海拔500多米的九龙山一带

品质特征

条索：细嫩紧实挺秀，形似松针丝雨

色泽：墨绿油润

汤色：黄绿明亮

香气：清高，显兰花香

滋味：鲜浓回甘

叶底：纤细多芽，芽叶匀整

汤色：黄绿明亮
叶底：纤细多芽

武阳春雨为新创名茶，创制于20世纪90年代，曾经连续两届获“浙江省十大名茶”称号。武阳春雨茶产于早春三月，外形为松针形，冲泡时茶芽在杯中竖立，缤纷错落，如春雨飘洒，故美其名曰“武阳春雨”。

采摘与制作工序

采摘标准为单芽或一芽一叶初展的鲜叶。 鲜叶采摘后经摊青、杀青、理条、烘焙、整理等工序加工而成。

选购指导

武阳春雨为有机茶，一般以清明节前采制的茶品质为最佳。有“九龙山牌”“乡雨牌”等名牌产品。

品质鉴别

从外形看，干茶细嫩紧实挺秀，形似松针丝雨，色泽墨绿或嫩绿稍黄；冲泡后内质兰花清香，汤色黄绿明亮，滋味鲜浓回甘。

浙江绿茶

顾渚紫笋

半烘炒型绿茶

品质特征

条索：芽叶相抱似笋，形似兰花

色泽：翠绿带紫

汤色：浅黄明亮

香气：馥郁，香蕴兰蕙之清

滋味：清爽鲜醇，回味甘甜

叶底：细嫩柔软

主要产地

浙江省湖州市长兴县水口乡顾渚山及泗安镇长潮村张岭一带

汤色：浅黄明亮
叶底：细嫩柔软

顾渚紫笋为恢复生产的历史名茶，又名长兴紫笋、湖州紫笋，始产于唐代，为当时著名的上品贡茶。明末清初时紫笋茶逐渐消失，1978年恢复生产，并多次被评为部级或省级优质名茶。

采摘与制作工序

清明节前至谷雨期间，采摘标准为一芽一叶初展或一芽二叶初展的鲜叶。鲜叶采摘后经摊青、杀青、理条、摊凉、初烘、复烘等工序制成。

选购指导

常见品牌有“百岁爷”等。

品质鉴别

从外形上看，顾渚紫笋形似兰花，芽叶相抱似笋，干茶色泽翠绿带紫；冲泡后，内质香气隐隐有兰花香，汤色清澈明亮，叶底嫩绿柔软。

浙江绿茶

安吉白茶

半烘炒型绿茶

主要产地

浙江省湖州市安吉县

品质特征

条索：条索自然，形如凤羽

色泽：绿中透黄，光亮油润

汤色：清澈明亮

香气：馥郁持久

滋味：鲜醇，回味甘甜

叶底：叶片黄白似玉，茎脉翠绿分明

安吉白茶为新创名茶，产自全国第一个生态县——安吉县。安吉白茶高氨基酸、低茶多酚（其中氨基酸总量可达6%以上，比一般绿茶高一倍左右），是全国茶叶中的一朵奇葩，因叶色玉白、形如凤羽，故又名“玉凤茶”。

辉煌历程

安吉白茶创制于20世纪90年代，2004年被评为“浙江省十大名茶”；2007年被农业部评为“中国名牌农产品”；2008年被国家工商总局评为“中国驰名商标”，成为浙江省首个农产品被行政认定的中国驰名商标，并在33个国家和地区进行了商标国际注册。

茶叶采摘

采摘期在4月中旬至5月中旬。采摘标准为一芽一叶，大小均匀的鲜叶。

制作工序

采摘的幼嫩芽叶经适度摊放、杀青、摊凉、初烘、复烘等工序制成。

选购指导

安吉白茶创新使用了“双商标”（“母子商标”）管理，即“安吉白茶地理商标”+“企业商标”，且包装上必有生产厂名、厂址等内容，使每盒安吉白茶都能追溯到生产者信息，购买时注意识别。

安吉白茶的子商标有很多，在2011年第九届“中茶杯”全国名优茶评比中获得特等奖的有：“百竹源牌”“大山坞牌”“溪龙贡茗牌”“安兴牌”“香叶仙牌”“龙王山牌”“皇甫牌”“雅思牌”“骆氏茶业牌”“晨溪山牌”“银叶牌”，购买时可以酌情选购。

品质鉴别

◎**辨色：**正宗的安吉白茶干茶色泽嫩绿鲜活，泛金边；干茶色泽发暗且不匀的，疑似为外地茶和非“白叶1号”品种制作的茶。

◎**闻香：**安吉白茶嫩香持久，且带有郁兰香；而低档产品带有高火味、青草气；带有陈旧味的则是陈茶。

◎**品味：**安吉白茶是高氨基酸产品，味道鲜爽、回味甘甜，无苦涩味；而带有苦涩味和焦味、青草味的均为劣质品或假冒品。

◎**观形：**由于安吉白茶采摘严格，故而成茶芽叶匀整，芽峰显露，形似凤羽；而外地白叶茶条形较为紧细，芽峰不显。

冲泡方法

安吉白茶宜用透明的玻璃杯来冲泡，水温以85℃左右为宜，冲泡2分钟左右后即可品饮。

汤色：嫩绿明亮
叶底：叶片黄白，茎脉翠绿

浙江绿茶

华顶云雾茶

细嫩烘青绿茶

主要产地

浙江省台州市天台县天台山主峰华顶山区

品质特征

条索：细紧弯曲，芽毫壮实显露

色泽：翠绿光润

汤色：浅绿明亮

香气：香高持久

滋味：醇厚爽口

叶底：嫩绿明亮

汤色：浅绿明亮
叶底：嫩绿明亮

华顶云雾茶又称天台山云雾茶，始于唐代，1979年恢复创制，2008年被评为“浙江省名牌农产品”和“浙江老字号”。华顶云雾茶品质特别高，自古享有“佛天雨露，帝苑仙浆”的美誉。

采摘与制作工序

立夏前后采摘一芽一叶至一芽二叶初展的鲜叶。鲜叶采摘后经摊放、杀青、摊凉、轻揉、初烘、再摊凉、入锅初炒、再摊凉、低温辉干制成。

选购指导

“雾浮华顶托彩霞，归云洞口茗奇佳”，故尤以最高峰华顶所产的茶品质最佳。

品质鉴别

从外形上看，华顶云雾茶细紧弯曲，芽毫壮实显露，色泽翠绿光润；冲泡后，内质香气清高，滋味醇厚爽口，叶底嫩绿明亮。

浙江绿茶

圆炒青绿茶

平水珠茶

品质特征

条索：浑圆紧结，呈颗粒状

色泽：墨绿光润或绿润

汤色：黄绿明亮

香气：香高持久

滋味：浓醇，回味甘甜

叶底：黄绿柔软

主要产地

浙江省绍兴县和宁波市

汤色：黄绿明亮
叶底：黄绿柔软

珠茶，亦称圆茶，始于明末清初。平水镇是历史上有名的茶叶贸易集散地，珠茶在这里进行精致加工，然后再转运出口，故国际上将珠茶称为“平水珠茶”。

制作工序

鲜叶采摘后经杀青、揉捻、炒二青、炒三青、做对锅、做大锅等工序制成。

选购指导

绍兴县是“中国珠茶之乡”，平水珠茶以绍兴县所产最为正宗。

品质鉴别

从外形看，平水珠茶浑圆紧结，呈颗粒状，身骨重实（可以感觉到“份量”十足，落盘有声），活像一粒粒珍珠，干茶色泽墨绿光润或绿润。冲泡后，内质香气高而持久，汤色黄绿明亮；入门后，滋味浓醇回甘，香高味浓。

瀑布仙茗

浙江绿茶

炒青绿茶

主要产地

浙江省余姚市四明山麓的道士山一带

品质特征

条索：条直紧略扁

色泽：翠绿光润

汤色：嫩绿清澈

香气：清鲜，具有板栗香

滋味：鲜醇爽口

叶底：细软明亮，嫩匀成朵

汤色：嫩绿清澈
叶底：嫩匀成朵

瀑布仙茗又称“余姚仙茗”，是浙江最古老的历史名茶，始于晋代，盛于唐代，1979年重新创制。

采摘与制作工序

春茶一般于清明前开采，至4月中旬结束；秋茶于9月下旬至10月中旬采制。特级采摘标准为一芽一叶；一级采摘标准为一芽二叶。鲜叶采摘后经杀青、摊凉、揉捻、理条、整形、足干等工序制成。

选购指导

常见品牌有“四明龙牌”“沁绿牌”“四明春露牌”“诸水之源牌”“德氏家”“舜峰牌”等名牌产品。

品质鉴别

从外形看，干茶条索直紧略扁，色泽翠绿光润；冲泡后内质香气高而持久，具板栗香，汤色嫩绿清澈，滋味鲜醇爽口。

浙江绿茶

烘青绿茶

江山绿牡丹

品质特征

条索：紧结挺直

色泽：翠绿诱人

汤色：碧绿清澈

香气：清高，具嫩栗香

滋味：鲜醇爽口

叶底：成朵，厚实，色黄绿

主要产地

浙江省衢州市江山市保安乡仙霞扎麓化龙溪两侧山地

汤色：碧绿清澈
叶底：黄绿成朵

江山绿牡丹，古称“仙霞化龙”，始创于唐代，恢复于1980年，1982年被评为“全国名茶”，2003年和2004年两次被评为“浙江省优质农产品金奖产品”，以采摘细嫩、加工精湛而驰名。

采摘与制作工序

于清明至谷雨间采摘，特级采摘一芽一叶初展的鲜叶，其他以一芽一叶为主。鲜叶采摘后经摊放、杀青、摊凉、理条、轻揉、烘培等工序制成。

选购指导

常见品牌有“露地春牌”等。

品质鉴别

从外形上看，江山绿牡丹茶条直形态自然，白毫显露，干茶色泽翠绿；冲泡后，内质香气清高，具嫩栗香，汤色碧绿清澈，叶底成朵。

雁荡毛峰

浙江绿茶

半烘炒型绿茶

主要产地

浙江省温州市乐清市境内雁荡山的龙湫背、斗室洞及雁湖岗等海拔300米的高山上

品质特征

条索：秀长紧结

色泽：翠绿隐毫

汤色：浅绿明净

香气：高长持久

滋味：甘醇

叶底：嫩匀成朵

雁荡毛峰为历史名茶，属于“温州早茶”系列，为雁荡地区著名的高山云雾茶。雁荡山山顶有平湖，芦苇丛生如荡，春雁南归，常宿于此，故有“雁荡”之称。雁荡山茶、水俱佳，“雁荡茶，龙湫泉”自古闻名，清代陈朝酆曾用龙湫泉沏泡雁荡茶，其味无穷。

辉煌历程

雁荡毛峰茶创制于宋代，在明、清两代皆被列为贡品，为“雁山五珍”之一。据明隆庆年间（1567～1572年）《乐清县志》记载：“近山多有茶，而雁山龙湫背清明采者极佳。”1986年该茶获“浙江名茶”证书。

茶叶采摘

在清明、谷雨间采摘，采摘标准为一芽一叶至一芽二叶初展的鲜叶。不采病生叶、雨水叶和紫芽叶、损伤叶等。

制作工序

鲜叶采摘后经摊放、杀青、揉捻、理条、烘焙、拣剔、提香等工序制成。其中杀青最为关键。杀青要在平锅内进行，而且全部都是手工操作，待锅内水分蒸腾时，用扇子进行风干，之后便开始揉捻。

选购指导

雁荡镇能仁村龙湫背为南北向的山谷，茶树终年在云雾阴蔽下生长，承受云雾滋润，芽叶肥壮，长势甚好，雁荡毛峰茶尤以龙湫背所产为佳，故而“大龙湫牌”雁荡毛峰茶品质尤佳。“能仁牌”雁荡毛峰茶在第六届浙江绿茶博览会上获得金奖，品质优佳，值得信赖。“雁白云牌”“芳芯绿雁牌”雁荡毛峰茶品质尚好。虽然雁荡毛峰属于“温州早茶”，但并不是说越早采摘的茶叶品质就越好，一般清明和谷雨前后出产的雁荡毛峰口感会更好，品质也更高。

品质鉴别

◎品质佳的雁荡毛峰茶一闻浓香扑鼻，再闻香气芬芳，三闻茶香犹存；滋味头泡浓郁甘鲜，二泡醇爽，三泡仍有悠悠茶韵。

◎雁荡毛峰茶耐贮藏，有“三年不败黄金芽”之誉。

冲泡方法

雁荡毛峰茶宜用透明玻璃杯或白瓷盖碗冲泡，3克茶叶加150～200毫升85℃左右的开水，冲泡3分钟左右。冲泡后，叶浮于汤面不易下沉，观其茶形，别具茶趣。接着可闻其香、观其色、品其味。若用龙湫泉水冲泡雁荡毛峰，茶香汤清，堪称绝配。

汤色：浅绿明净
叶底：嫩匀成朵

天目青顶

浙江绿茶

半烘炒型绿茶

主要产地

浙江省临安市东天目山的太子庙、龙须庵，杨岭的溪里、小岭坑，东坑的朱家村，横渡的森罗坪、径山灵霄峰、龙宫山、白云山等地

品质特征

条索：条紧略扁，形似雀舌，芽毫显露

色泽：深绿微黄，油润有光

汤色：浅黄明亮

香气：清香持久

滋味：鲜醇爽口

叶底：芽叶成朵

天目青顶为恢复生产的历史名茶，又称“天目云雾茶”，是有机茶。天目山茶树多分布在海拔600～1200米的自然条件良好的山坞中。有道是：“天目俯观山景美，青顶云雾翠茶香”，明代诗人袁宏道在饮用天目山茶后赞叹道：“头茶之香远胜龙井”。

辉煌历程

天目青顶早在明代就已被列为贡品；1979年重新研制开发成功。该茶于1986年被浙江省食品工业协会评为“浙江十大名茶”；2010年，经国家工商行政管理总局商标局审核，获准注册地理标志证明商标。

茶叶采摘

要求在晴天上午茶树上露水收干后开采。用手指合力提采，不能用指甲掐，不能带鱼叶。采摘标准为一芽一叶或一芽二叶初展的鲜叶，即“雀舌”状。

制作工序

鲜叶采摘后经摊放、杀青、摊凉、揉捻、炒二青和烘干6道工序加工而成。天目青顶茶制作工艺精细，炒茶时燃料均用干燥的树枝，不用硬柴和枝叶。杀青用竹筷在平锅中翻炒，要求炒透；揉捻放在粗麻布上轻轻搓揉，要求不得揉出茶汁。搓揉后再经初炒和烘干。

选购指导

天目青顶依采摘时间、标准及焙制方法不同，分为顶谷、雨前、梅尖、梅白、小春5个品级；也有分为顶谷、毛峰、细幼青、中幼青和粗幼青5个品级的。其中顶谷、雨前属春茶，称“青顶”，茶芽最幼嫩纤细，色绿味美，品质尤佳；梅尖、梅白称“毛峰”；小春则属高级绿茶。

品质鉴别

◎天目青顶干茶挺直成条，条索紧结，叶质肥厚，芽毫显露，色泽深绿。

◎冲泡后，滋味鲜醇爽口，清香持久；汤色清澈明净，芽叶朵朵可辨，是色、香、味俱全的茶中佳品。连续冲泡3次，色、香、味犹存。

冲泡方法

天目青顶茶宜用透明的玻璃杯冲泡，水温在85℃左右。先放3克茶叶，然后注入一点开水，摇晃一下杯子，让茶叶充分吸水；接着再沿着茶杯的边缘冲水，冲水时最好能使茶叶上下翻滚，略等2分钟即可品饮。饮至杯中茶汤尚余1/3水量时，再续加开水。若用天目清泉冲泡天目青顶茶，则香味和滋味俱佳，堪称绝配。

汤色：浅黄明亮
叶底：芽叶成朵

临海蟠毫

浙江绿茶

半烘炒型绿茶

主要产地

浙江省台州市临海市灵江南岸的云峰山

品质特征

条索：条索紧结，卷曲如螺

色泽：银绿隐翠

汤色：嫩绿清澈

香气：鲜嫩持久或嫩香

滋味：鲜爽，醇和回甘

叶底：嫩绿成朵

汤色：嫩绿清澈

叶底：嫩绿成朵

临海蟠毫为新创名茶，创制于1981年，以其外形蟠曲披毫而得名，有“形美、色绿、毫多、香郁、味甘”的特点。此茶于1989年被评为“全国名茶”，1995年获第二届中国农业博览会金奖。

采摘与制作工序

于春分前后的4～5天开采，采摘标准为一芽一叶至一芽二叶初展的鲜叶。鲜叶采摘后经摊放、杀青、摊凉、理条、造型（炒干）、烘干等工序制成。

选购指导

临海蟠毫分特级、一级、二级、三级共4个等级，一般以手工炒制的蟠毫茶品质为佳。

品质鉴别

从外形看，特级临海蟠毫茶紧结卷曲如螺，白毫显露，干茶色泽银绿隐翠；冲泡后内质香气鲜嫩持久，汤色嫩绿清澈。

浙江绿茶

普陀佛茶

半烘炒型绿茶

品质特征

条索：紧细，卷曲如螺

色泽：翠绿微黄，显毫

汤色：黄绿明亮

香气：清香高雅

滋味：清醇爽口

叶底：芽叶成朵

主要产地

浙江省舟山市普陀区普陀山

汤色：黄绿明亮
叶底：芽叶成朵

普陀佛茶为历史名茶，始于唐代，扬名于明代，在清代被列为供品。普陀佛茶又称“普陀山云雾茶”，因其似圆非圆的外形略像蝌蚪，故亦称“凤尾茶”。

采摘与制作工序

每年清明后三四天开始采摘，采摘标准为一芽一叶至一芽二叶初展的鲜叶。鲜叶采摘后略加摊放，经杀青、揉捻、搓团、起毛、干燥等工序制成。

选购指导

普陀佛茶以“普陀佛茶”为母商标，各企业自有注册商标为子商标，且统一普陀佛茶外包装以明黄色为主。

品质鉴别

从外形看，该茶“似螺非螺，似眉非眉”，条索紧细卷曲，色泽绿润，芽身披毫；冲泡后，内质香气清香高雅，滋味清醇爽口。

千岛玉叶

浙江绿茶

扁形炒青绿茶

主要产地

浙江省杭州市淳安县千岛湖畔的里商乡一带

品质特征

条索：条直扁平，挺似玉叶

色泽：翠绿嫩黄，显毫

汤色：嫩绿明亮或黄绿明亮

香气：清高持久

滋味：鲜爽甘醇

叶底：肥厚，嫩绿成朵

千岛玉叶为新创名茶，原称“千岛湖龙井”。1983年7月浙江农业大学教授庄晚芳等茶叶专家到淳安考察，品尝了当时的千岛龙井茶后，根据千岛湖的景色和茶叶粗壮、带有白毫的特点，亲笔提名“千岛玉叶”。

辉煌历程

千岛玉叶创制于1982年，1991年获“浙江名茶”证书，并多次获得部、省级金奖和“浙江省十大名茶”等殊荣，2010年通过国家地理标志证明商标注册。

茶叶采摘

春茶于清明前开采。采摘标准为一芽一叶初展的芽头，最大不过一芽二叶（要求嫩匀成朵，芽长于叶），类似西湖龙井的采摘标准。

制作工序

鲜叶采摘后经杀青做形、筛分摊凉、辉锅定形、筛分整理等工序制成。制作手法有搭、抹、抖、捺、挺、抓、磨等11种，仿西湖龙井的炒制方法。

现如今，千岛玉叶茶的加工制作，已经进入“微波时代”。将茶叶放入微波控制机械中，自上而下受红外线燃烧发生器间隔高热辐射烘烤。这一设备对提取茶叶的内在香气具有独特功能。

选购指导

千岛玉叶分特级、一级、二级、三级共4个等级。特级、一级“千岛玉叶”包装上标明原主要产地证明商标、地理标志、质量认证等级标签，并贴防伪标签。千岛玉叶有“清平源牌”“睦州牌”等常见名牌产品。

品质鉴别

◎**辨外形**：千岛玉叶茶的外形扁平挺直，匀整匀净，挺似玉叶，色泽翠绿如水，白毫如玉。

◎**看冲泡**：冲泡后汤色嫩绿鲜亮，滋味醇厚，香气独特清高、隽永持久，叶底厚实匀齐、嫩绿成朵。

◎**鉴新茶**：千岛玉叶春茶，清香扑鼻，滋味鲜爽醇厚，可以连续冲泡4次。

冲泡方法

取3克千岛玉叶干茶，放入透明的玻璃杯中，用85℃左右的开水冲泡，冲泡时间为1～3分钟，一边品茶一边赏茶。只见杯中茶叶上下沉浮，玉悬芽立，仙姿神态，甚为赏心悦目。

汤色：黄绿明亮
叶底：嫩绿成朵

羊岩勾青

浙江绿茶

炒青绿茶

主要产地

浙江省台州市临海市河头镇羊岩山的羊岩茶场

品质特征

条索：勾曲呈腰圆

色泽：绿润

汤色：嫩绿明亮

香气：嫩栗香，香气持久

滋味：醇爽

叶底：鲜嫩成朵，嫩绿明亮

汤色：嫩绿明亮
叶底：鲜嫩成朵

羊岩勾青属于绿茶中的后起之秀，创制于20世纪90年代初，因产于羊岩山而得名。此茶较耐冲泡、耐贮藏，是一款中高档名优绿茶，2004年获中韩国际食品博览会金奖，2005年在纽约获第五届国际名茶评比金奖。

采摘与制作工序

采摘鲜叶嫩度以一芽一叶开展为主。鲜叶采摘后经摊放、杀青、揉捻、初烘、造型、复烘和整形等工序制成。

品质鉴别

从外形上看，羊岩勾青茶勾曲、显毫，色泽绿润；冲泡后内质香气清香持久，显嫩栗香，汤色嫩绿或黄绿明亮，口感佳。

冲泡方法

用玻璃杯或白瓷茶杯冲泡皆可，水温以80℃左右为宜，冲泡1分钟左右即可。此茶耐泡，“经五开水，汁味尚存”。

浙江绿茶

半烘炒型绿茶

安吉白片

品质特征

条索：扁平挺直

色泽：翠绿显毫

汤色：鹅黄明亮

香气：香高持久

滋味：鲜爽回甘

叶底：成朵肥壮，嫩绿明亮

主要产地

浙江省湖州市安吉县的山河、章村、溪龙等乡

汤色：鹅黄明亮
叶底：嫩绿明亮

安吉白片为新创名茶，创制于20世纪80年代，又名“玉蕊茶”，因色腻如脂、泽滑如玉而得名，为浙江省名茶的后起之秀。此茶于1989年获农业部全国名茶奖，1997年获第三届中国农业博览会名牌产品。

采摘与制作工序

谷雨前后采摘标准为芽苞和一芽一叶初展鲜叶。鲜叶采摘后经筛青、簸青、拣青、摊青、杀青、清风、压片、初烘、摊凉、复烘等工序加工而成。

选购指导

安吉白片茶一般分特级、一级、二级、三级4个级别。

品质鉴别

从外形上看，干茶扁平挺直，色泽翠绿显毫；冲泡后内质香气高而持久，汤色鹅黄明亮，滋味鲜爽回甘，叶底肥壮成朵。

浙江碧螺春

浙江绿茶

炒青绿茶

主要产地

浙江省丽水市松阳、遂昌等地

品质特征

条索：条索纤细，卷曲成螺，满身披毫

色泽：银白隐翠

汤色：嫩绿清澈

香气：清香淡雅

滋味：鲜醇甘厚，回味绵长

叶底：嫩绿明亮

汤色：嫩绿清澈

叶底：嫩绿明亮

浙江碧螺春为新创名茶，创制于20世纪80年代，凭借炒青技术的日益成熟应运而生，具有“清而且纯”的品质特征。

采摘与制作工序

于清明节前采摘，采摘标准为一芽一叶的鲜叶。上午采，下午拣，晚上炒，必须在一天内完成。经过杀青、揉捻、搓团显毫、烘干等工序制成。炒制时，做到手不离茶，茶不离锅，揉中带炒，炒中有揉，炒揉结合。

选购指导

最新国家标准碧螺春茶分为5级：特级、特一级、特二级、一级、二级。

品质鉴别

从外形看，干茶纤细、卷曲成螺，满身披毫，色泽银白隐翠；冲泡后内质香气清香淡雅，汤色嫩绿清澈，滋味鲜醇甘厚。

江苏绿茶

阳羡雪芽

条形炒青绿茶

品质特征

条索：紧直匀细
色泽：绿润银毫显露
汤色：清澈明亮
香气：清鲜优雅
滋味：鲜醇
叶底：嫩匀，明亮匀整

主要产地

江苏省无锡市宜兴市南部阳羡游览景区

汤色：清澈明亮
叶底：嫩匀完整

阳羡雪芽为历史名茶，是唐代的著名贡茶，依据苏轼的诗句“雪芽我为求阳羡”而命名，1984年恢复创制。唐代诗人卢仝曾写过这样一句诗：“天子须尝阳羡茶，百草不敢先开花”。

采摘与制作工序

清明前后采摘，选用一芽一叶初展、半展的芽叶。鲜叶采摘后经高温杀青、轻度揉捻、整形干燥、割末贮藏4道工序制成。最关键的工艺在于整形干燥。

选购指导

阳羡雪芽常见的品牌有“太湖雪眉牌”“项珍牌”等。

品质鉴别

从外形看，特级茶紧细匀直，锋苗好，干茶色泽翠绿多毫；冲泡后内质香气清雅，汤色清澈明亮，滋味鲜醇，叶底嫩匀完整。

洞庭碧螺春

江苏绿茶

细嫩炒青绿茶

主要产地

江苏省苏州市吴中区太湖的洞庭山东、西两山一带

品质特征

条索：条索纤细，卷曲似螺

色泽：银绿隐翠，满披白毫

汤色：嫩绿清澈

香气：浓郁，具有花果香

滋味：鲜醇甘厚

叶底：嫩绿明亮

碧螺春为历史名茶，以形美、色艳、香浓、味醇“四绝”闻名中外。当地人称碧螺春为“吓煞人香”。碧螺春素有“一嫩三鲜”之称，一嫩是指芽叶幼嫩，三鲜是指香气鲜爽、味道鲜醇、汤色鲜明。

辉煌历程

洞庭碧螺春创制于明末清初，为清康熙帝时的贡茶，现位列中国十大名茶之一。该茶1986年、1990年两次荣获商业部名茶称号；1997年“吴郡牌”碧螺春茶荣获中国国际茶业博览会金奖。

茶叶采摘

一般于春分前后开采，谷雨前后结束。春分至清明时节采制的茶品质最为名贵，“分前（春分前）茶”和“明前（清明前）茶”均为极品或上品。高级茶通常采一芽一叶初展的鲜叶，叶形卷如雀舌，称之“雀舌”。炒制500克碧螺春需采摘6.8~7.4万颗芽头。

制作工序

鲜叶采摘后经杀青、揉捻、搓团显毫、炒干而制成，上好的洞庭碧螺春需上午采，下午拣，晚上炒。炒制特点是手不离茶，揉中带炒，炒中带揉，炒揉结合，连续操作。洞庭碧螺春茶采用纯手工制作，制作工艺已入选第三批国家级非物质文化遗产名录。

选购指导

碧螺春“明前茶”最为珍贵，价格也最贵。茶叶的价格按照品种、地域、挑拣程度和炒揉工艺来区分，比如小叶茶比大叶茶略贵，又比如长在果树下的茶叶因为汲取了果树的芬芳也会身价略高。著名品牌有“碧螺牌”“吴郡牌”“庭山牌”等。

品质鉴别

◎真茶银芽显露，一芽一叶，茶叶总长度约为1.5厘米，芽为白毫卷曲形，叶为卷曲清绿色，叶底嫩绿柔匀；假茶多为一芽二叶，芽叶长度不齐，呈枯黄色。

◎高档茶香气浓烈芬芳，带花香果味；低档茶香气芬芳，不带花果香。

◎高档茶汤色嫩绿鲜艳，中档茶汤色绿艳或绿翠鲜艳；低档茶汤色绿翠。

冲泡方法

通常泡茶，人们先放茶叶后注水，而碧螺春则相反，先注水，后投茶，叫“上投法”。冲泡用具最好选择直筒的透明玻璃杯，可欣赏到茶叶犹如雪浪喷珠、春染杯底、绿满晶宫3种奇观。泡茶水温以80℃左右为宜。

汤色：嫩绿清澈
叶底：嫩绿明亮

南山寿眉

江苏绿茶

条形烘青绿茶

主要产地

江苏省常州市溧阳市南山天目湖旅游风景区

品质特征

条索：微弯略扁，形似寿者之眉

色泽：翠绿，白毫披覆

汤色：黄绿明亮

香气：清雅持久

滋味：醇厚爽口

叶底：嫩匀明亮，嫩绿完好

汤色：黄绿明亮
叶底：嫩绿完好

南山寿眉为新创名茶，创制于1985年，由江苏省李家园茶场（浙江省天目山余脉）创制。1993~1998年蝉联江苏省第一至第六届“陆羽杯”名特茶评比特等奖。

采摘与制作工序

一般于3月底开采特级极品茶，以肥壮芽苞的鲜叶为主；接着采超级茶，以一芽一叶初展的鲜叶为主；谷雨前后采优级茶，以一芽二叶初展的鲜叶为主。鲜叶采摘后经挑剔、摊凉、杀青、理条整形、烘焙等工序制成，其中理条整形是成形的关键工序，基本手势包括先拉直再拧弯、掀压，如此先直后弯，先圆后扁，促成眉状。

品质鉴别

从外形上看，南山寿眉茶微弯略扁，匀齐，披毫，形似寿者之眉，干茶色泽翠绿；冲泡后内质香气高尚鲜，汤色黄绿明亮，滋味醇厚爽口。

江苏绿茶

金坛雀舌

扁形炒青绿茶

品质特征

条索：扁平挺直，形似雀舌

色泽：绿润

汤色：嫩绿明亮

香气：嫩香持久

滋味：醇爽

叶底：嫩匀成朵

主要产地

江苏省金坛市方麓茶场

汤色：嫩绿明亮

叶底：嫩匀成朵

金坛雀舌为新创名茶，创制于1982年，因形似雀舌而得名。该茶内含成分丰富，水浸出物、茶多酚、氨基酸、咖啡碱含量较高，1987年被商业部评为“全国名茶”；1988年获中国首届食品博览会金奖；1990年、1991年被商业部两次确认为“全国名茶”。

采摘与制作工序

采于清明前后，采摘标准为芽苞和一芽一叶初展的鲜叶，芽叶长度3厘米以下。要求芽叶嫩度匀整，色泽一致。鲜叶采摘后经摊放、杀青、摊凉、整形、干燥等工序制成。

品质鉴别

从外形上看，金坛雀舌茶扁平挺直，条索匀整，形如雀舌，干茶色泽绿润；冲泡后内质香气清高，汤色嫩绿明亮，滋味鲜爽，叶底嫩匀成朵。

金山翠芽

江苏绿茶

扁形炒青绿茶

主要产地

江苏省镇江市句容、润州、丹徒、丹阳等地

品质特征

条索：扁平，挺削，匀整

色泽：翠绿

汤色：绿而明亮

香气：清高

滋味：鲜醇

叶底：肥匀嫩绿

汤色：绿而明亮
叶底：肥匀嫩绿

金山翠芽为新创名茶，创制于1981年五洲山茶场，1997年在第二届“中茶杯”名特茶评比中，以总分第一荣获特等奖。

采摘与制作工序

每年谷雨前后开采，采摘标准为芽苞或一芽一叶初展的鲜叶。鲜叶采摘后经杀青、辉干炒制而成。

选购指导

金山翠芽“明前（清明前）茶”芽叶细嫩，口感也好，但价格贵。“雨前（谷雨前）茶”内含物质较丰富，往往滋味鲜浓且耐泡。假冒的金山翠芽，喝起来淡而无味，香味也低沉。

品质鉴别

从外形上看，干茶扁平挺削，匀整显毫，色泽翠绿；冲泡后内质香气高而持久，汤色绿而明亮，滋味鲜醇，叶底肥匀嫩绿。

江苏绿茶

花果山云雾茶

炒青绿茶

品质特征

条索：紧结浑圆，锋苗挺秀

色泽：润绿显毫

汤色：黄绿明亮

香气：香高持久

滋味：鲜浓

叶底：朵朵嫩绿，匀整明亮

主要产地

江苏省连云港市花果山茶区

汤色：黄绿明亮
叶底：匀整明亮

花果山云雾茶历史悠久，始于宋代，盛于清代，已有900多年的生产历史，曾被列为皇室贡品。花果山云雾茶生长于高山云雾之中，氨基酸、儿茶多酚类和咖啡碱含量均较高，可冲泡多次，啜尝品评，余味无穷。

采摘与制作工序

一级花果山云雾茶采摘时以一芽一叶的鲜叶为主。鲜叶采摘后经杀青、揉捻、干燥等工序制成。

选购指导

花果山茶场生产的“花果山”牌云雾茶品质佳，但年采制量有限，购买时请认准商标。

品质鉴别

从外形上看，干茶紧结显毫，形似眉状，色泽润绿；冲泡后内质香气高而持久，汤色黄绿明亮，滋味鲜浓，叶底匀整。

太湖翠竹

江苏绿茶

扁形烘炒绿茶

主要产地

江苏省无锡市锡北镇斗山地区

品质特征

条索：扁似竹叶

色泽：翠绿油润

汤色：黄绿明亮

香气：清高持久

滋味：鲜醇回甘

叶底：嫩绿匀整

汤色：黄绿明亮
叶底：嫩绿匀整

太湖翠竹为新创名茶，首创于1986年，2011年获得了国家地理标志证明商标。该茶冲泡在杯中，嫩绿的茶芽徐徐伸展，形如竹叶，亭亭玉立，似群山竹林，因而得名。

采摘与制作工序

采摘从清明开始，至霜降结束，分春茶、夏茶和秋茶三季，采摘单芽或一芽一叶的鲜叶。鲜叶采摘后经摊放、杀青、整形、烘干、提香等工序制成。

选购指导

茶体粗长，大部分已发黄的干茶为劣质品；内含单芽、色泽光亮、芽体整齐的为佳品。

品质鉴别

从外形上看，干茶扁似竹叶，色泽翠绿油润；冲泡后内质香气清高持久，汤色黄绿明亮，滋味鲜醇回甘，叶底嫩绿匀整。

江苏绿茶

条形烘青绿茶

绿扬春

品质特征

条索：纤细秀长，形似新柳（叶）

色泽：翠绿油润

汤色：嫩绿明亮

香气：高雅

滋味：鲜醇

叶底：黄绿嫩匀

主要产地

江苏省扬州市仪征市周边丘陵山地

汤色：嫩绿明亮
叶底：黄绿嫩匀

绿扬春是新创名茶，创制于1991年。绿扬春茶色泽翠绿、汤色碧亮、叶底黄绿、耐冲泡，像新生杨柳叶子一样，曾获全国“中茶杯”特等奖14次、江苏省“陆羽杯”特等奖20次。2011年，仪征绿扬春获得农业部“国家农产品地理标志”。

采摘与制作工序

采摘单芽或一芽一叶初展的鲜叶。采摘后经杀青、理条、初烘、整形、足干、拣剔6道工序制成。

选购指导

绿扬春知名品牌有“绿篱”“捺山”“秀峰”“苏和”“苏珍”等。

品质鉴别

从外形上看，干茶纤细秀长，形如柳叶，色泽翠绿秀气；冲泡后内质香气高雅，汤色嫩绿、清澈明亮，滋味鲜醇，叶底黄绿。

南京雨花茶

江苏绿茶

针形炒青绿茶

主要产地

江苏省南京市中山陵及雨花台园林风景区，现已扩大到江宁、六合、溧水、高淳、浦口、栖霞等地

品质特征

条索：紧直浑圆，两端略尖，形似松针

色泽：银白隐翠，茸毫隐露

汤色：黄绿清澈

香气：浓郁高雅

滋味：鲜醇持久，回味甘甜

叶底：嫩匀明亮，犹如翡翠

南京雨花茶为新创名茶，属绿茶炒青中的珍品，也是中国“三针”之一，是优质细嫩针状春茶，松针形象征着革命烈士忠贞不屈的精神万古长青。以热水冲泡此茶，滋味鲜爽，气香色清，有除烦去腻、清神益气之功效。

辉煌历程

南京雨花茶于1958年为纪念革命先烈而创制。1981、1982、1986和1990年四次被商业部评为“全国名茶”；1994年获中、俄、蒙三国举办的“蒙古国际商品博览会”国际金奖。

茶叶采摘

于清明前后采摘初展的一芽一叶鲜叶。特级茶采摘的一芽一叶占总量的85%以上，不采虫伤芽叶、紫芽叶、红芽叶、空心芽叶，通常炒制500克特级雨花茶，需采5万个芽叶。

制作工序

手工制作工序包括杀青、揉捻、搓条拉条、烘干。机械制作工序包括杀青、揉捻、毛火、整形、复火干燥、筛分等。

选购指导

雨花茶共分为特级一等雨花茶、特级二等雨花茶、一级雨花茶、二级雨花茶4个等级。

品质鉴别

雨花茶“明前”茶由于色泽好、口感醇厚、香气扑鼻，且产量少，故而比较珍贵，多供不应求。市面上有些商家会用过期的陈茶冒充“明前”新茶高价出售。因此需要了解如何区别新茶和陈茶，以便进行选购。

◎**一摸**：新茶的特点是茶叶干而硬，含水量少，用手指捏可以捏成粉末；而陈茶一般软绵绵的，含水量较高，手感比较差。

◎**二看**：新茶色泽明亮鲜艳；而陈茶则色泽发暗、发黑。

◎**三闻**：新茶冲泡后气味香醇（雨花茶是香气越浓越好），续水冲泡四五次，味道一般都不会变淡；陈茶气味不仅淡，而且口感有点涩，一般续水冲泡两次，味道就变淡了。

冲泡方法

冲泡南京雨花茶可选用透明玻璃杯或青花瓷盖碗，还要注意茶叶和水的比例，能盛400毫升水的玻璃杯，应放3～4克的茶叶。先向杯中注入1/3的开水，水的温度以80～90℃为宜，先润开茶叶，等茶汁溢开再加满开水。

汤色：黄绿清澈
叶底：嫩匀明亮

溧阳翠柏

江苏绿茶

炒青绿茶

主要产地

江苏省常州市溧阳市西南山和北山地区

品质特征

条索：扁平挺直，形似翠柏

色泽：翠绿

汤色：浅黄明亮

香气：清香持久

滋味：鲜醇爽口

叶底：黄绿明亮，匀整

汤色：浅黄明亮

叶底：明亮匀整

溧阳翠柏为新创名茶，创制于1984年，是溧阳人民为纪念革命先烈的光荣事迹专门研制而成的。溧阳翠柏茶于1993年至1997年期间，获江苏省第一至第三届和第五届名茶“陆羽杯”评比特等奖。

采摘与制作工序

特级采摘肥壮的芽苞和少量一芽一叶初展的鲜叶；一级采摘一芽一叶初展的鲜叶。手工炒制工序为杀青、揉捻、整形、筛分、摊凉、辉锅干燥和精制。

选购指导

溧阳翠柏茶分特级、一级、二级等级别，知名品牌有“幽香苏牌”等。

品质鉴别

从外形上看，干茶条索扁平挺直，形如翠柏，色泽翠绿；冲泡后内质香气清香持久，汤色浅黄明亮，滋味鲜醇爽口，叶底黄绿明亮。

江苏绿茶

茅山青峰

炒青绿茶

品质特征

条索：略扁挺直，匀整光滑

色泽：绿润

汤色：黄绿明亮

香气：高爽

滋味：鲜爽醇厚

叶底：嫩绿均匀

主要产地

江苏省常州市金坛市茅麓茶场及周边茶区

汤色：黄绿明亮
叶底：嫩绿均匀

茅山青峰为新创名茶，创制于1982年，1992年获香港国际食品博览会特别奖。该茶锋苗显露，身骨重实，犹如青锋短剑。

采摘与制作工序

采于谷雨前后，特级茶采摘初展的一芽一叶，一级茶采摘一芽一叶和初展的一芽二叶，二级茶采摘一芽一叶或一芽二叶的鲜叶。鲜叶采摘后经摊放、杀青、整形、辉锅、精制等工序制成。

选购指导

“金鹿牌”茅山青峰茶在第九届“中茶杯”全国名优茶评比中获得一等奖，品质值得信赖。

品质鉴别

从外形上看，干茶略扁挺直，身骨重实，匀整光滑，锋苗显露，犹如青锋短剑，色泽绿润显毫；冲泡后汤色黄绿明亮。

江苏绿茶

无锡毫茶

卷曲形炒青绿茶

主要产地

江苏省无锡市郊低山丘陵区

品质特征

条索：卷曲肥壮

色泽：翠绿，白毫披覆

汤色：嫩绿明亮

香气：嫩香持久

滋味：鲜醇

叶底：嫩绿柔匀

汤色：嫩绿明亮
叶底：嫩绿柔匀

无锡毫茶为新创名茶，创制于1979年，以高产优质的无性系良种茶树的幼嫩茶叶为原料，属于高档绿茶。该茶于1995年第二届中国农业博览会上获得金奖。

采摘与制作工序

清明前后开始采摘，一、二、三、四级原料的采摘标准分别以一芽一叶初展、半展、全展和一芽二叶的鲜叶为主体。鲜叶采摘后经杀青、揉捻、搓毛、干燥等工序制成。

选购指导

无锡毫茶成品茶分一、二、三、四级4个级别，知名品牌有“惠泉牌”等。

品质鉴别

从外形上看，无锡毫茶肥壮卷曲，身披白色茸毫，干茶色泽银绿隐翠；冲泡后内质香高味鲜，汤色嫩绿明亮，叶底嫩绿柔匀。

安徽绿茶

老竹大方

细嫩炒青绿茶

品质特征

条索：扁平匀齐，挺直光滑

色泽：深绿褐润

汤色：杏黄明亮

香气：浓烈，略带板栗香

滋味：浓醇爽口

叶底：嫩匀而带黄绿

主要产地

安徽省黄山市歙县老竹铺、三阳坑、金川乡一带

汤色：杏黄明亮
叶底：嫩匀而带黄绿

老竹大方为历史名茶，创制于明代，清代已入贡茶之列，相传为比丘大方始创于歙县老竹岭，故称为“老竹大方”。1955年，老竹大方的品种之一“顶谷大方”被评为“中国十大名茶之一”，1986年被选为“国家礼品茶”。

采摘与制作工序

于谷雨至立夏采摘，以一芽二叶和一芽三叶为主。鲜叶采摘后经杀青、揉捻、做坯、拷扁、辉锅5道工序制成。

选购指导

品质以老竹岭和福泉山所产的“顶谷大方”为最优。

品质鉴别

从外形上看，干茶扁平匀齐，和龙井相似，但较肥壮，色泽深绿褐润；冲泡后内质香气浓烈，略带板栗香，汤色杏黄明亮。

黄山毛峰

安徽绿茶

细嫩烘青绿茶

主要产地

安徽省黄山市黄山风景区境内的桃花峰、紫云峰及风景区外周的汤口、岗村、杨村、芳村等地及歙县、休宁县一带

品质特征

条索：细扁稍卷，形似雀舌，披银毫

色泽：绿中泛黄，且带有金黄色鱼叶

汤色：清碧微黄，清澈明亮或杏黄色

香气：清香馥郁

滋味：鲜醇爽口

叶底：嫩黄成朵

黄山毛峰为历史名茶，因新茶“白毫披身、芽尖似峰”，且鲜叶采自黄山高峰，故名。其开汤后，雾气绕顶，清香四溢，若惠兰之香，且冲泡后芽叶浮沉于杯中，有“轻如蝉翼，嫩似莲心”之说。

辉煌历程

黄山毛峰茶创制于清光绪年间。1995年特级黄山毛峰被中国茶叶公司评为"中国十大名茶之一"；1983年获外经贸部荣誉证书；1986年被外交部选定为外事活动礼品茶。

茶叶采摘

特级黄山毛峰开采于清明前后，采摘标准为一芽一叶初展的鲜叶；1～3级黄山毛峰开采于谷雨前后，采摘标准分别为一芽一叶和一芽二叶初展的鲜叶、一芽一叶和一芽二叶成熟叶、一芽二叶和一芽三叶初展的鲜叶。

制作工序

鲜叶采摘后经杀青、揉捻、烘焙3道工序制成。

选购指导

黄山毛峰分特级及1～3级。特级黄山毛峰又分上、中、下三等，1～3级各分两个等级。品质以桃花峰、紫云峰、云谷寺、慈光阁、松谷庵一带生产的特级黄山毛峰为最优。知名品牌有"五溪山牌""千秋泉牌""弋江源牌""紫霞牌"及谢裕大茶叶股份有限公司生产的"漕溪""谢正安"等。

品质鉴别

特级黄山毛峰茶外形似雀舌，匀齐壮实，峰显毫露，色如象牙，鱼叶金黄；冲泡后，香气清香高长，汤色清澈，滋味鲜浓醇厚而甘甜，叶底嫩黄，肥壮成朵。可用"香高、味醇、汤清、色润"来形容。其中"金黄片"和"象牙色"是特级黄山毛峰不同于其他毛峰的两大明显特征。

冲泡方法

冲泡黄山毛峰茶宜用透明的玻璃杯，冲泡一般黄山毛峰茶，开水水温以90℃左右为宜，而特级茶宜用84℃左右的开水冲泡（水烧开到100℃后，静置2～3分钟）。茶水比例是1：50，即3克茶需要150毫升水。投茶前先烫杯，然后再润茶（注入少量开水，刚没过茶叶即可，浸泡茶叶1～2分钟）。再用"凤凰三点头"的方法冲泡，一高一低共三下，此时杯中茶叶犹如绽放的兰花，上下悬浮，十分美观。

汤色：浅黄明亮
叶底：嫩黄成朵

六安瓜片

安徽绿茶

半烘炒型绿茶

主要产地

安徽省六安市金寨县及霍山县的毗邻山区和丘陵，分内山瓜片和外山瓜片两个产区

品质特征

条索：叶边背卷平展，似瓜子形

色泽：宝石绿而泛微黄，起霜有润

汤色：碧绿，清澈透亮

香气：清香持久

滋味：鲜醇回甘

叶底：黄绿匀亮

六安瓜片为历史名茶，又称“片茶”，是中国名茶中唯一由单片鲜叶制成、不含芽头和茶梗的特种绿茶。六安瓜片茶的外形顺直匀整，叶边背卷平摊，如颗颗瓜子，且色、香、味、形都在这一片瓜子形的叶子上。

辉煌历程

六安瓜片茶创制于清代末年，为中国十大名茶之一。2010年在中国（安徽）第五届中国茶产业博览会上，“华山牌”花香型六安瓜片以其独特的香气一举拿得金奖。

茶叶采摘

春茶采摘时间在谷雨前后，至小满前结束。采摘上求壮而不求嫩，鲜叶必须长到“开面”时采摘。采摘标准以对夹二、三叶及一芽二叶和三叶为主的鲜叶，早上采，下午扳片、去梗、去芽。

制作工序

鲜叶采摘后经扳片、炒生锅、炒熟锅、拉毛火、拉小火、拉老火等工序制成。烘培时，以大烘笼（当地称抬篮）装茶，以炭取火，抬篮走烘，一罩即提，二三付烘篮，交替进行，一抬一步，边烘边翻，节奏紧扣，配合默契。

选购指导

六安瓜片有内山瓜片和外山瓜片之分。内山瓜片产地有金寨县的响洪甸、鲜花岭、龚店；霍山县的诸佛庵一带；黄涧河、双蜂、龙门冲、独山等地。外山瓜片产地有六安市的石板冲、狮子岗、石婆店、骆家庵、青山等地。品质以齐头山、黄石、红石谷、里冲、黄巢尖等地所产为佳。

六安瓜片分名片（名片只限于齐头山周围的山场生产，质量最优，为六安瓜片之极品）和瓜片一、瓜片二、瓜片三、瓜片四共5个级别。现在“齐山名片”分1～3等，内山瓜片和外山瓜片各分4级8等。知名品牌有“徽六牌”六安瓜片等。

品质鉴别

六安瓜片茶叶单片不带梗芽，叶缘向背面翻卷，色泽宝绿，起润有霜（是否有挂霜是鉴别六安瓜片的标准之一），汤色澄明绿亮、香气清高、回味悠长，叶质浓厚耐泡，好的瓜片都有兰花香，第一泡是熟板栗香气。

冲泡方法

六安瓜片茶宜用玻璃杯冲泡，水温以85℃左右为宜。可以先注入少量开水（刚没过茶叶即可）润茶，再摇香，使茶叶的内含物质充分溶解到茶汤里。

汤色：碧绿透亮
叶底：黄绿匀亮

太平猴魁

安徽绿茶

尖形烘青绿茶

主要产地

安徽省黄山市北麓的黄山区新明乡三合村的猴坑、猴岗、颜家等地

品质特征

条索：二叶抱芽，自然舒展，扁平挺直

色泽：苍绿匀润，白毫隐伏

汤色：黄绿明澈

香气：兰香高爽

滋味：醇厚回甘

叶底：嫩绿匀亮，芽叶成朵肥壮

太平猴魁为历史名茶，属绿茶类尖茶，为我国“尖茶之冠”。其色、香、味、形独具一格，有“刀枪云集，龙飞凤舞”的特色。品其味，可体会出“头泡香高，二泡味浓，三泡四泡幽香犹存”的意境，香味有独特的“猴韵”。

辉煌历程

太平猴魁创制于清代末年，1955年被评为“中国十大名茶之一”；1982年获商业部名茶称号；1987年被商业部评为全国优质名茶，并授予荣誉证书，1989年获首届北京食品博览会金奖。

茶叶采摘

于谷雨前后开始采摘，鲜叶长出一芽三叶或四叶时开园，立夏前停采。太平猴魁采摘时间较短，每年只有15～20天时间。采摘标准为一芽三叶，拣一芽二叶，并要求在清晨朦雾中采摘，雾退手停，一般只采到上午10时，午后拣尖即按一芽二叶标准选剔鲜叶，整齐一致。

制作工序

鲜叶采摘后经杀青、毛烘、足烘、复焙4道工序制成。一定要当天制成，上好的猴魁均用手工炒制。

选购指导

太平猴魁和魁尖都是尖茶系列产品。猴魁为极品（以猴坑一带所产的尖茶为魁首），魁尖次之。太平猴魁尤以猴坑高山茶园所采制的尖茶品质为最优，知名品牌有“猴坑牌”太平猴魁。制作猴魁的主要品种为柿大茶品种，叶大而芽粗壮，如用当地品种或其他品种的鲜叶制作，则不能称为猴魁，而定名为“太平魁尖”。

品质鉴别

◎**看外形**：太平猴魁外形两叶抱一芽，俗称“两刀一枪”，自然舒展，有“猴魁两头尖，不散不翘不卷边”之称。全身披白毫，含而不露。

◎**辨叶色**：太平猴魁叶色苍绿匀润，叶脉绿中隐红，俗称“红丝线”。

◎**鉴内质**：太平猴魁冲泡后，香气高爽，含有诱人的兰花香，醇厚爽口，有独特的“猴韵”，茶汤清绿，芽叶成朵肥壮。

冲泡方法

太平猴魁茶宜用高杯玻璃杯冲泡，可采用“中投法”冲泡，即先向杯中注入1/3的开水，待水温凉至90℃左右时，再投茶，轻摇润茶1分钟（使茶叶浸润舒展成形）后再向杯中注水至七分满，3分钟后即可品茶。可连续冲泡4～5遍。

汤色：黄绿明澈
叶底：肥壮匀亮

汀溪兰香

安徽绿茶

尖形烘青绿茶

主要产地

安徽省宣城市泾县汀溪乡

品质特征

条索：肥壮显芽，形如绣剪

色泽：嫩绿隐翠

汤色：嫩绿明亮

香气：清香持久

滋味：鲜醇甘爽

叶底：嫩绿成朵

汤色：嫩绿明亮

叶底：嫩绿成朵

汀溪兰香为新创名茶，创制于1989年，其芽肥形美，香高持久，滋味鲜爽回甘。该茶于1995年在“95，澳门国际新技术、新发明、新产品博览会”上获优质产品称号；1997年获“中茶杯”评比一等奖；2002年获国际名茶评比金奖。

采摘与制作工序

清明至谷雨采摘一芽一叶或一芽二叶初展的鲜叶。鲜叶采摘后经杀青、做形、初烘和复烘等工序制成。

选购指导

汀溪兰香成品茶分为特级、一级、二级等级别，不同级别价格不等。

品质鉴别

从外形上看，干茶形如绣剪，平直舒展，色泽翠绿；冲泡后内质香气清香持久，汤色嫩绿明亮，叶底嫩绿成朵，匀整肥壮。

安徽绿茶

炒青绿茶

休宁松萝

品质特征

条索：紧卷匀壮

色泽：绿润

汤色：黄绿，较明亮

香气：幽香高长，带有橄榄香味

滋味：浓厚回甘

叶底：嫩绿柔软

主要产地

安徽省黄山市休宁县松萝山一带

汤色：黄绿明亮
叶底：嫩绿柔软

休宁松萝茶为历史名茶，创制于明初，在明代已盛名远播。明代熊明遇在《罗岕·茶疏》中说，松萝茶区别于其他名茶的显著特点是“三重”：色重、香重、味重，即色绿、香高、味浓。

采摘与制作工序

于谷雨前后开园采摘，要求采一芽二叶和一芽三叶，鲜叶采回后要经过验收，不能夹带鱼叶、老片、梗等，并做到现采现制。采制技术与屯绿炒青（参见91页）相似。

选购指导

休宁松萝茶分特级、一级、二级3个等级，常见品牌有“松萝山牌”等。

品质鉴别

从外形上看，干茶紧卷匀壮，色泽绿润稍欠匀；冲泡后内质香气纯正，带有橄榄香味，汤色黄绿，较明亮。

涌溪火青

安徽绿茶

细嫩炒青绿茶

主要产地

安徽省宣城市泾县涌溪的丰坑、盘坑、石井坑、湾头山一带

品质特征

条索：颗粒腰圆，紧结重实

色泽：墨绿油润，白毫隐伏

汤色：嫩绿微黄，清澈明亮

香气：花香浓郁，鲜爽持久

滋味：醇厚而甘甜

叶底：杏黄，匀嫩整齐

汤色：嫩绿微黄
叶底：杏黄匀嫩

涌溪火青为历史名茶，创制于明末清初，清代已是贡品。该茶耐冲泡，有“头泡香、二泡甜、三泡浓、四泡五泡不减味”之说。

采摘与制作工序

于清明至谷雨采摘一芽二叶初展的鲜叶，要求芽尖和叶尖拢齐，第一叶抱着芽，第二叶柔嫩微翻卷。鲜叶采摘后经杀青、揉捻、炒头坯、炒二坯、摊放、掰老锅、筛分等工序制成。

选购指导

涌溪火青茶以丰坑的团结岩、阴上岩、岩脚下，盘坑的鸡爪坞、兰花坑、饭井石，石井坑的鹰窝岩等地所产的茶叶品质为上。

品质鉴别

从外形上看，干茶颗粒腰圆，色泽墨绿，油润显毫；冲泡后内质香气清高鲜爽，花香浓郁，汤色嫩绿微黄。

安徽绿茶

舒城兰花

细嫩烘青绿茶

品质特征

条索：芽叶相连似兰草

色泽：翠绿匀润，毫峰显露

汤色：绿亮明净，泛浅金黄色光泽

香气：兰花清香，鲜爽持久

滋味：浓醇回甘

叶底：匀整，嫩绿成朵

主要产地

安徽省六安市舒城县、霍山县，安庆市桐城市、岳西县，合肥市庐江县

汤色：绿亮明净

叶底：嫩绿成朵

舒城兰花为历史名茶，创制于明末清初，因其“外形芽叶相连似整朵兰花，内质具有幽雅的兰花香”的品质特征而得名。2010年，“万佛山牌”舒城小兰花茶获首届“国饮杯”全国茶叶评比特等奖。

采摘与制作工序

在谷雨前开采，采一芽二叶和三叶制小兰花茶，采一芽三叶和四叶制大兰花茶。鲜叶采摘后经杀青和烘干等工序制成。

选购指导

以舒城晓天白桑园所产最为著名，为上品；舒城、庐江交界处的沟二口、果树一带所产舒城兰花茶也久负盛名。

品质鉴别

从外形上看，干茶芽叶相连似兰草，色泽翠绿，匀润显毫；冲泡后如兰花开放，特显兰花清香，叶底成朵，呈嫩黄绿色。

金山时雨

安徽绿茶

条形炒青绿茶

主要产地

安徽省宣城市绩溪县上庄镇金山一带

品质特征

条索：紧细卷曲，有锋苗

色泽：翠绿油润

汤色：黄绿明亮

香气：花香高长

滋味：醇厚爽口

叶底：嫩绿金黄，成朵

汤色：黄绿明亮
叶底：嫩绿金黄

金山时雨原名金山茗雾，创制于清道光年间，1978年恢复生产，属绿茶类的特级炒青，因形似珍眉，细若雨丝而得名。

采摘与制作工序

谷雨前后采摘一芽二叶初展的鲜叶，俗称“莺嘴甲”。鲜叶采摘后经杀青、揉捻、炒干制成。

选购指导

金山时雨成品茶按等级划分，分一至三级。2010年，金山时雨茶被农业部授予“中国农产品地理标志产品”。只有地理标志认证地域保护范围涵盖的乡镇生产的金山时雨茶才是正宗的。

品质鉴别

从外形上看，干茶条索卷曲显毫，色泽翠绿或墨绿；冲泡后内质香气花香高长，汤色黄绿、清澈明亮，叶底金黄成朵。

安徽绿茶

桐城小花

直条形烘青绿茶

品质特征

条索：芽叶完整，形似兰花

色泽：翠绿

汤色：绿亮清澈

香气：鲜爽持久，有兰花香

滋味：醇厚回甘

叶底：嫩绿成朵

主要产地

安徽省安庆市桐城市龙眠山一带（黄甲镇杨头村）

汤色：绿亮清澈
叶底：嫩绿成朵

桐城小花为历史名茶，创制于明代，因其冲泡后形似初展兰花而得名。桐城小花又有小兰花茶之称，属皖西兰花茶的一个品种。1998年5月，桐城小花被评为省级名茶，同年获“98，国际名茶博览会”名牌推荐产品称号。

采摘与制作工序

谷雨前开采一芽二叶初展的鲜叶。采摘后经摊放、杀青、初烘、摊凉、复烘、挑剔等工序制成。

选购指导

桐城小花成品茶分特级、一级、二级、三级4个等级，知名品牌有“六尺香牌”等。

品质鉴别

从外形上看，干茶条索舒展，形似兰花，色泽翠绿；冲泡后内质香气鲜爽持久、显兰花香，汤色绿亮，滋味醇厚，鲜爽回甘。

岳西翠兰

安徽绿茶

直条形烘青绿茶

主要产地

安徽省安庆市岳西县大别山中部的茶园

品质特征

条索：芽叶相连，自然舒展成朵

色泽：翠绿鲜活

汤色：浅绿明亮

香气：清高持久

滋味：醇浓鲜爽

叶底：芽叶完整，嫩匀成朵

岳西翠兰为新创名茶，其色泽翠绿、形似兰花，产在岳西，故而得名。岳西茶叶基地位于大别山腹部，温度、湿度等自然环境都符合好茶的生长条件。岳西翠兰的品质突出在“三绿”，即干茶色泽翠绿、汤色碧绿、叶底嫩绿。

辉煌历程

岳西翠兰创制于1983年，2005年被评为“安徽省十大品牌名茶”；2008年获第七届国际（韩国）名茶评比会金奖；2010年、2011年“百年翡冷翠牌”岳西翠兰入选“国宾礼茶”，并成为2011年全国“两会”特供茶。

茶叶采摘

一般于清明前后开始采摘，采摘标准现分3个等级：一级为单芽的鲜叶；二级为一芽一叶初展的鲜叶；三级为一芽二叶初展的鲜叶。岳西翠兰对鲜叶要求非常严格，要求做到“二要、三不带、五不采”，即同一级别的鲜叶要求大小匀齐，老嫩一致，壮瘦相同；不带老叶、老梗、单片叶；不采病片损伤叶、雨水叶、鱼叶、紫芽叶、对夹叶。

制作工序

鲜叶采摘后经拣剔、摊放、杀青（分头锅和二锅）、整形、初摊、毛火、复摊、足火等多道工序精制而成。高档岳西翠兰茶须用手工技艺制作。

选购指导

手工制作的岳西翠兰，其颜色、香气、滋味等质量因子明显优于机械制作的茶，高档精品手工茶现主要分布于姚河乡香炉村竹山（竹山茶园有古茶树，属于古茶园）和包家乡石佛寺（石佛寺为极品岳西翠兰产地）等地。知名品牌有“百年翡冷翠牌”“良奇牌”等。

品质鉴别

◎**从外形上看：**岳西翠兰芽叶相连，自然舒展成朵形，形似兰花，色泽翠绿，给人一种碧绿鲜活的感觉。

◎**从内质上说：**岳西翠兰香气高而持久，以清香型为主，“香透”是其香气的特点；滋味以鲜爽型为主，回味甘醇；叶底嫩绿明亮，成朵。

冲泡方法

岳西翠兰茶宜用玻璃杯或洁白瓷杯冲泡，水温宜在80℃左右。每杯茶要分两次冲泡，第一次为润茶，注水量大约为茶杯容量的1/4；30～60秒钟后再冲第二次，加水至3/4即可，不宜满杯。

汤色：浅绿明亮
叶底：嫩匀成朵

九华毛峰

安徽绿茶

烘青绿茶

主要产地

安徽省池州市青阳县九华山麓黄石溪、下闵园一带及九华山区的柯村、杜村、陵阳一带

品质特征

条索：条索稍曲，匀齐显毫

色泽：绿润稍泛黄

汤色：黄绿明亮

香气：嫩香较持久

滋味：鲜醇爽口

叶底：嫩黄绿，明亮

汤色：黄绿明亮

叶底：嫩黄绿

九华毛峰为历史名茶，创制于清初。九华毛峰又称黄石溪毛峰，品质仅次于黄山毛峰。黄石溪毛峰和闵园毛峰于1915年同获巴拿马万国博览会金质奖。

采摘与制作工序

鲜叶一般于4月中、下旬采摘，采摘标准为一芽一叶和一芽二叶初展的芽叶，按芽叶组成和鲜嫩标准分三等进行采制。鲜叶采摘后经杀青、揉捻、烘焙3道工序制成。

选购指导

十王峰为九华山主峰，品质最优者为十王峰南麓黄石溪的道僧洞所产的黄石溪毛峰及十王峰北麓下闵园所产的闵园毛峰。

品质鉴别

从外形上看，干茶匀齐显毫，色泽绿润稍泛黄；冲泡后内质香气嫩香持久，汤色黄绿明亮，滋味鲜醇爽口，叶底明亮。

安徽绿茶

黄山绿牡丹

花形特种绿茶

品质特征

条索：成花朵状，似银丝穿翠玉

色泽：黄绿隐翠

汤色：黄绿明亮

香气：清香

滋味：醇爽

叶底：黄绿鲜活，芽叶匀整成朵如盛开的牡丹

主要产地

安徽省黄山市歙县大谷运乡的岱岭一带

汤色：黄绿明亮
叶底：形如牡丹

黄山绿牡丹为新创名茶，创制于1986年，具有饮用和观赏价值，因冲泡后如一朵盛开的牡丹花而得名。该茶于1990年10月获中国发明银质奖，1993年获联合国TIPS中国国家分部发明创新科技之星奖。

采摘与制作工序

于清明后至谷雨前采摘一芽二叶初展的鲜叶。采摘后经杀青轻揉、初烘理条、选芽装筒、造型美化、定型烘焙、足干贮藏等几道工序制成。

选购指导

上等的黄山绿牡丹茶呈花朵状，“花瓣”排列匀齐，形圆而扁平（不松散）。

品质鉴别

从外形上看，干茶呈花朵状，显锋露毫，色泽黄绿隐翠；冲泡后内质香气清高持久，汤色黄绿明亮，滋味醇爽、回味甘甜。

瑞草魁

安徽绿茶

烘青绿茶

主要产地

安徽省宣城市郎溪县南的鸦山一带

品质特征

条索：挺直略扁，肥硕饱满

色泽：翠绿，白毫隐现

汤色：淡黄绿，清澈明亮

香气：香气高长，清香持久

滋味：鲜醇爽口，回味隽厚

叶底：嫩绿明亮，均匀成朵

汤色：淡黄绿色
叶底：嫩绿成朵

瑞草魁为历史名茶，创于唐代，唐、宋、元、明、清五朝均将其列为贡品，清代后失传，1985年恢复生产，2011年获得国家地理标志产品。又称“鸦山茶”和“横纹茶”。

采摘与制作工序

清明至谷雨开采一芽一、一芽二、一芽三叶的芽叶，制作一、二、三等茶。采摘后经杀青、理条做形、烘焙3道工序制成。

选购指导

以郎溪县最南的姚村乡为主的低山高丘陵区所产的品质为较佳，如白阳岗瑞草魁。

品质鉴别

从外形上看，干茶挺直略扁，肥硕饱满，大小匀齐，色泽翠绿，隐现白毫；冲泡后，内质香气高长，汤色淡黄绿，清澈明亮。

安徽绿茶

屯绿

炒青绿茶

品质特征

条索：紧结重实，匀齐显锋苗

色泽：灰绿光润

汤色：碧绿明亮

香气：嫩香持久，浓烈

滋味：鲜醇浓爽

叶底：肥厚嫩匀

主要产地

安徽省黄山市屯溪、歙县、休宁县等地

汤色：碧绿明亮
叶底：肥厚嫩匀

屯绿为历史名茶，创制于清代嘉庆道光年间，是屯溪绿茶的简称，又称“眉茶”，是由松萝茶精加工演化而来的。明万历年间已在国际上崭露头角，1913年已远销欧美各国，被誉为“绿色的金子”。

采摘与制作工序

春茶采于谷雨至立夏，夏茶采于芒种，秋茶采于白露。采摘后经杀青、揉捻、二青、三青、辉干制成毛茶，再经精制而成成品茶。

选购指导

屯绿分特珍、珍眉、贡熙、片茶、末茶等花色，黄山一品有机茶业公司生产的品质较佳。

品质鉴别

从外形上看，高档屯绿茶条索紧结重实，显锋苗，色泽绿润起霜；冲泡后内质香气嫩香持久，汤色碧绿明亮，滋味鲜醇浓爽。

庐山云雾

江西绿茶

炒青绿茶

主要产地

江西省九江市庐山五老峰、汉阳峰、小天池、含鄱口、花径、修静庵等地

品质特征

条索：紧结重实，饱满秀丽

色泽：翠绿光润，白毫多显

汤色：黄绿明亮

香气：鲜爽而持久，带豆花香

滋味：醇厚而含甘

叶底：嫩绿匀齐

庐山云雾为历史名茶，古称“闻林茶”，从明代起始称“庐山云雾”，由于长年饱受庐山流泉飞瀑的浸润和行云走雾的熏陶，从而形成其独特的品质：叶厚毫多、醇香甘润、富含营养、延年益寿。

辉煌历程

庐山云雾茶始产于东汉，成名于宋代，为贡茶。至明清时，生产更盛，曾是当地僧侣们的生活必需品。该茶于1982年被商业部评为全国名茶，并获国家优质产品银质奖；1988年获中国首届食品博览会金奖。

茶叶采摘

清明前后开采，采摘标准为一芽一叶初展的芽叶，芽长不超过3厘米。立夏以后的芽叶用于制作普通烘青茶。

制作工序

采摘后经摊放、杀青、抖散、轻揉、炒二青、理条、搓条、挑剔、提毫、除末、烘干、烤干等工序制成。

选购指导

庐山云雾出口茶分特级、一级和二级；内销茶分特一级、特二级和一级、二级、三级，品质尤以海拔高、终日云雾不散的汉阳峰与五老峰地区茶园所产茶叶为最好。

购买散装茶时，先用两个手指研茶条，如能研成粉末的，说明茶比较干燥；如不能研成粉末，只能研成细片状的，说明茶已经吸湿受潮或者制作不精致，这种茶叶不建议购买。

如果购买盒装或密封包装的小包装茶叶，要特别注意包装上的生产日期，一般6个月以内为正常。

品质鉴别

◎高档庐山云雾茶外形饱满成朵，形似兰花，带兰花香，口感极好。

◎纯自然环境下产出的庐山云雾茶不施任何农药、肥料，具备“味醇、色秀、香馨、液清”的特点。

◎庐山云雾茶冲泡后，香气芬芳高长、鲜锐。茶汤绿而明亮，叶底嫩绿微黄，匀齐。

冲泡方法

庐山云雾茶紧结重实，香气高长，冲泡时采用“上投法”较佳。先向玻璃杯中注入约七分满的开水，待水温凉至75℃左右时，再投茶。此时可见茶叶或直线下沉，或徘徊缓下，或上下沉浮、舒展游动。冲泡3分钟左右即可品饮。

汤色：黄绿明亮
叶底：嫩绿匀齐

婺源茗眉

江西绿茶

半烘炒型绿茶

主要产地

江西省上饶市婺源县

品质特征

条索：弯曲似眉

色泽：翠绿光润或绿润稍灰

汤色：碧绿清亮

香气：鲜浓持久

滋味：鲜爽醇厚，回甘

叶底：黄绿柔嫩，嫩匀完整

汤色：碧绿清亮

叶底：嫩匀完整

婺源茗眉为新创名茶，创制于20世纪50年代，是婺源绿茶眉茶中的极品，以白毫披露、纤细如眉而得名。该茶于1982年被评为全国30种名茶之一，1986年在福州举行的全国名茶评比中，婺源茗眉再次蝉联全国优秀名茶光荣称号。

采摘与制作工序

晴天雾散后采摘白毫显露、芽头肥壮的一芽一叶初展的鲜叶。采摘后经摊放、杀青、揉捻、烘焙、锅炒、复烘6道工序制成。

选购指导

相对而言，以海拔1000余米的鄣公山所产的婺源茗眉为优。

品质鉴别

从外形上看，干茶弯曲似眉，显毫，色泽翠绿光润或绿润稍灰；冲泡后内质香气鲜浓持久，汤色碧绿清亮。

江西绿茶

烘青绿茶

双井绿

品质特征

条索：圆紧略曲，形如凤爪

色泽：翠绿或墨绿，光润

汤色：黄绿明亮

香气：清高持久

滋味：鲜醇回甘

叶底：嫩绿柔软

主要产地

江西省九江市修水县杭口镇双井村

汤色：黄绿明亮
叶底：嫩绿柔软

双井绿为历史名茶，创制于隋唐时期，北宋时期，黄庭坚将家乡精制的双井绿茶分赠京师族人，一时名动京华，被誉为“草茶第一”。双井绿于1985年被评为江西省八大名茶之一，获“名茶证书”。

采摘与制作工序

特级采一芽一叶初展的鲜叶；一级采一芽二叶初展的鲜叶。鲜叶采摘后经摊放、（蒸气）杀青、揉捻、初烘、整形提毫、复烘6道工序制成。

选购指导

双井绿分为特级和一级两个品级。选购时以修水县大椿乡新华化茶厂的双井绿为佳。

品质鉴别

从外形上看，干茶圆紧略曲，形如凤爪，色泽翠绿光润或墨绿光润；冲泡后内质香气高而持久，汤呈黄绿色、清澈明亮。

狗牯脑茶

江西绿茶

炒青绿茶

主要产地

江西省吉安市遂川县汤湖乡狗牯脑山（罗霄山脉南麓支脉）一带

品质特征

条索：紧结秀丽，芽端微卷

色泽：翠绿显毫

汤色：黄绿明亮

香气：香气高雅，略带花香

滋味：醇厚清爽

叶底：黄绿匀整

狗牯脑茶为历史名茶，因产于形似狗头的狗牯脑山而得名。狗牯脑茶之所以品质优良，一是得益于得天独厚的自然条件：山上林木葱郁、云雾弥漫，有肥沃的无污染的乌沙壤土，历来没有喷施过农药，属于“高山出好茶”；二是取决于独特、严格的采制技术。

辉煌历程

狗牯脑茶创制于清代，曾用名“玉山茶”，2008年获商务部和江西省政府颁发的中国绿色食品博览会金奖；2009年获第二届江西绿茶博览会金奖；2011年获第九届“中茶杯”全国名优茶评比一等奖；2012年获得国家工商总局授予的地理标志证明商标证书。

茶叶采摘

清明前后开始采摘，高级狗牯脑茶的鲜叶标准为一芽一叶初展的鲜叶。该茶采摘十分讲究，要求做到不采露水叶，雨天不采叶，晴天的中午不采叶。

制作工序

采摘后的鲜叶要经过挑拣，剔除其中的鱼叶、紫芽叶等，然后经过杀青、初揉、二青、复揉、整形提毫、炒干、包装等工序而成。其中，杀青要求高温、少量，显毫透茶香时即时出锅，尤其是特级茶，每锅投茶量控制在0.2～0.6千克。

选购指导

汤湖镇高塘村有着良好的产茶环境，而且多采用独特的制茶秘笈，所制出来的茶叶不仅香而且更耐泡，品质极佳。狗牯脑茶分贡品级、特级、一级等，品级较多，价格不等。另外，“狗牯脑”品牌已获得国家工商总局商标局颁发的地理标志证明商标证书，可以以此作为选购的参考条件之一。

品质鉴别

◎清明前的狗牯脑茶色泽绿翠，叶质柔软，香高味醇，带有清雅的花香，是一年之中的佳品。

◎特级狗牯脑茶冲泡时，茶叶挺直，尖端朝上。

冲泡方法

冲泡狗牯脑茶可选用玻璃杯或白瓷杯，投茶量为3～5克，茶水比例约为1：50（即3克茶配150毫升水），第一次注水用开水，注水量为1/3，然后闻到绿茶散发出的香味后再注入85℃左右的水，冲泡3分钟左右即可饮用。

汤色：黄绿明亮
叶底：黄绿匀整

井冈翠绿

江西绿茶

半烘炒型绿茶

主要产地

江西省井冈山茨坪花果山茶园

品质特征

条索：紧细微曲

色泽：翠绿多毫

汤色：杏黄明亮

香气：鲜嫩馥郁

滋味：鲜醇甘美

叶底：鲜嫩完整

汤色：杏黄明亮

叶底：鲜嫩完整

井冈翠绿为新创名茶，创制于20世纪80年代，1982年5月被评为江西省八大名茶之一；1985年分别被评为江西省和农牧渔业部的优质名茶，并获得金杯奖；1988年被评为江西省创新名茶第一名。

采摘与制作工序

清明至谷雨开采，采摘一芽一叶至一芽二叶初展的鲜叶。采摘后经揉捻、杀二青、复揉、搓条、搓团、提毫、烘焙等工序制成。

选购指导

常见品牌有“茗如玉牌”等。

品质鉴别

从外形上看，干茶条索细紧曲勾，色泽翠绿多毫；冲泡后内质香气鲜嫩，汤色杏黄明亮，滋味鲜醇甘美，叶底鲜嫩完整。

江西绿茶

浮瑶仙芝

半烘炒型绿茶

品质特征

条索：紧细

色泽：翠绿显毫

汤色：杏黄明亮

香气：清香持久

滋味：醇厚鲜爽

叶底：嫩绿匀整

主要产地

江西省景德镇市浮梁县瑶里镇

汤色：杏黄明亮
叶底：嫩绿匀整

浮瑶仙芝为恢复生产的历史名茶，创制于元代，因产于浮梁瑶里，故名。1991年恢复生产，同年5月在江西省名茶评比会上获第一名，后又被农业部评为金奖；2006年获江西省名优茶评比金奖。

采摘与制作工序

谷雨前后采摘，采摘标准为一芽一叶初展的细嫩芽叶。鲜叶采摘后经摊青、杀青、揉捻、做形、烘培、复火等工序制成。

选购指导

新品茶有2号浮瑶仙芝、特供3号浮瑶仙芝、吉品浮瑶仙芝等系列品种。

品质鉴别

从外形上看，浮瑶仙芝茶条索紧细秀长，干茶色泽翠绿显白毫；冲泡后，内质香气清香持久，显兰花香，汤色黄绿明亮，滋味醇厚鲜爽。

小布岩茶

江西绿茶

半烘炒型绿茶

主要产地

江西省赣州市宁都县小布镇境内的岩背脑

品质特征

条索：弯曲秀丽

色泽：翠绿显毫

汤色：黄绿明亮

香气：嫩香持久，带有兰花清香

滋味：醇厚鲜爽

叶底：嫩绿匀净

汤色：黄绿明亮

叶底：嫩绿匀净

小布岩茶为新创名茶，创制于20世纪60年代，自1986年起连续3次夺得商业部名茶奖，是赣州市最早获得部优产品称号的茶叶。以其原料鲜嫩，芽叶肥壮，制工精巧，造型美观，内质优良，经久耐泡而闻名。

采摘与制作工序

通常于惊蛰前后开采。鲜叶经杀青、揉捻、杀二青、复揉、初干理条、摊凉、提毫、烘干等工序制成。

选购指导

小布岩茶分特级、一级、二级3个等级，而宁都县小布岩茶公司是当地有名的茶企，其生产的茶品质较佳。

品质鉴别

从外形上看，干茶弯曲如细眉，锋苗秀丽，色泽绿润，白毫显露；冲泡后内质香气嫩香持久，伴有兰花清香，汤色黄绿明亮。

江西绿茶

特种绿茶

得雨活茶

品质特征

条索：紧结挺直，毫毛明显

色泽：灰绿光润，显白毫

汤色：清绿明亮

香气：兰花幽香

滋味：鲜爽甘醇

叶底：匀整鲜嫩

主要产地

江西省上饶市婺源县赋春镇长溪村

汤色：清绿明亮
叶底：匀整鲜嫩

得雨活茶采用了独具特色的生物菌膜保鲜技术，使茶叶保存期长而且色、香、味、形四季如“新”，故名活茶。从1999年起被选定为人民大会堂特供茶和国宴用茶。

采摘与制作工序

采摘高山上无污染的一芽二叶的鲜叶。经过杀青、揉捻、干燥等工序制成。

选购指导

得雨活茶具有入水即沉的特性，这是由于高山茶微量元素的含量较高的缘故。用温水先行冲泡，然后将水倒掉，再用温度高的开水冲泡，茶的枝叶更美，且耐久多泡，七八杯后鲜活依然。

品质鉴别

从外形上看，干茶紧结挺直、壮实秀长，色泽灰绿光润，显白毫；冲泡后内质香气兰花清香，汤色清绿明亮，滋味鲜爽甘醇。

江西绿茶

上饶白眉

半烘炒型绿茶

主要产地

江西省上饶市上饶县尊桥乡

品质特征

条索：壮实，紧直

色泽：绿润披白毫，似白眉

汤色：黄绿明亮

香气：清高

滋味：鲜醇

叶底：嫩匀

汤色：黄绿明亮
叶底：嫩匀

上饶白眉为新创名茶，创制于1983年，因形似老寿星眉毛，且白毫满披，故得名“白眉”。1995年，上饶白眉在北京第二届中国农业博览会上被评为中国名茶，并获得金牌奖。

采摘与制作工序

按银毫、毛尖、翠峰3个品级，分别采摘一芽一叶初展、一芽一叶开展、一芽二叶初展的鲜叶。采摘后的鲜叶经杀青、搓揉、烘干等几道工序制成。

选购指导

上饶白眉一般具有特级、一级、二级3个级别，常见品牌有“宇源牌”等。

品质鉴别

从外形上看，干茶条索壮实紧直，满披白毫，似白眉，色泽绿润；冲泡后香气清高，汤色黄绿明亮，滋味鲜醇，叶底嫩匀。

江西绿茶

特种绿茶

靖安白茶

品质特征

条索：紧结挺直，形似凤羽

色泽：叶脉翠绿，叶片晶莹透明

汤色：嫩绿明亮

香气：鲜爽馥郁、独具甘草香

滋味：甘味生津

叶底：匀整碧绿

主要产地

江西省宜春市靖安县中源乡、罗湾乡、璪都镇、三爪仑乡、宝峰镇

汤色：嫩绿明亮
叶底：匀整碧绿

据《靖安农业志》记载，靖安白茶属靖安县罗湾乡双溪村九岭山中的野生茶，为区别其他产区生产的白茶，而被生产者、消费者自然取名为靖安白茶。2009年，靖安白茶获第八届“中茶杯”全国名优茶特等奖；2010年获中国上海茶博览会金奖；2011年被评为江西省著名商标；2012年6月成为地理标志保护产品。

采摘与制作工序

每年3月份开采，采摘一芽一叶的鲜嫩芽叶。鲜叶采摘后经过杀青、揉捻、干燥等工序制作而成。

选购指导

靖安白茶已推行了“母子商标”管理模式，即“地理标志证明商标”+“企业商标”，知名品牌有“宝珠峰牌”“九云牌”“齐华牌”“天涯山牌”“霞峰山牌”等。

婺源毛尖

江西绿茶

炒青绿茶

主要产地

江西省上饶市婺源县

品质特征

条索：条索细嫩，芽肥壮，有锋毫

色泽：翠绿光润

汤色：清澈，黄绿透亮

香气：鲜浓

滋味：清甜柔滑

叶底：芽叶成朵，匀整嫩绿

汤色：黄绿明亮
叶底：嫩匀

婺源毛尖一直以来是婺源绿茶中之极品，以“颜色碧而天然，回味香而浓郁，水叶清而润厚”而著称。它以婺源高山早春茶芽为主材料精制而成。因为炒成绿茶后，嫩叶小而尖，又多毛，故百姓更喜欢称其为“毛尖”。

采摘与制作工序

采摘标准以一芽二叶和一芽三叶为主。鲜叶采摘后经摊青、杀青、散热揉捻、滚坯、摊凉、再干等工序制成。

选购指导

正宗的婺源毛尖绿茶香气浓郁，冲泡时杯中雾气轻绕顶，香气扑鼻而来，非常清雅，滋味醇甜，不过却没有明显的回甘。

品质鉴别

从外形看，干茶条索纤细秀长，芽肥壮，有锋毫，色泽翠绿光润；冲泡后内质香气鲜浓，汤色黄绿透亮。

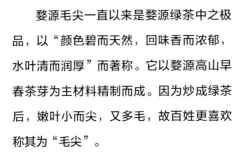

湖北绿茶

英山云雾

半烘炒型绿茶

品质特征

条索：紧细显毫，卷曲如钩

色泽：翠绿显毫

汤色：嫩绿明亮或绿亮

香气：清香持久

滋味：鲜醇回甘

叶底：嫩绿明亮

主要产地

湖北省黄冈市大别山南麓的英山县国营长冲茶场

汤色：绿而明亮
叶底：嫩绿明亮

英山云雾为新创名茶，原名为“天堂云雾”，创制于1990年，具有形美、色绿、香高、味醇、叶嫩的特点。英山云雾茶已被评定为“大别山生态名茶”和“湖北十大名茶”。

采摘与制作工序

春笋采用全芽，品质最佳；春蕊采用一芽一叶初展的鲜叶，品质中档；春茗采用一芽一、二叶初展的鲜叶，品质一般。春笋鲜叶采摘后经摊青、杀青、炒二青、炒三青、复烘等工序制成。春蕊、春茗、碧剑则多为揉捻。

选购指导

英山云雾茶有“春笋”“春蕊”“春茗”“碧剑”4个名茶产品及“龙特”优质绿茶5个产品系列，知名品牌有“长冲牌”“鹰棵岩牌”“雪屏牌”等。

恩施玉露

湖北绿茶

传统蒸青绿茶

主要产地

湖北省恩施土家苗族自治州恩施市东郊五峰山一带及芭蕉侗族乡

品质特征

条索：紧圆光滑，纤细挺直如针

色泽：苍翠绿润，白毫显露

汤色：浅黄明亮，如玉如露

香气：清高

滋味：醇和回甘

叶底：色绿如玉，翠绿匀整

恩施玉露为历史名茶，是我国目前保存下来的唯一以蒸汽杀青的针形绿茶，因叶色翠绿，毫尖茸毛银白如玉，格外显露，故名“玉露”。又因外形条索紧细、圆直、光润、毫锋尖削似针，别称“松针”。

辉煌历程

恩施玉露创制于清初，2006年被湖北省农业厅评为“湖北省十大名茶”，并成功申报为国家地理标志产品；2008年7月，被认定为“湖北第一历史名茶”。

茶叶采摘

高级玉露茶采用一芽一叶、老嫩一致、大小均匀、节短叶密、芽长叶小、色泽浓绿的鲜叶；普通玉露茶采用一芽二叶初展的鲜叶。

制作工序

鲜叶采摘后经蒸青、摊凉、炒头毛火、揉捻、炒二毛火、整形上光、烘焙、拣选等几道工序制成。整形上光是制成玉露茶外形细紧、挺直、光滑、翠绿的关键工序，此工序又分为两个阶段：第一阶段为悬手搓条，将茶叶放在高温焙炉盘上，用两手心相对，拇指朝上，四指微曲，悬空捧起茶条，右手向前，左手往后顺着一个方向搓揉，并不断抛散茶团，使茶条成为细长圆形，色泽油绿。约七成干时，转入第二阶段——炉盘搓茶。此阶段采用“搂、搓、端、扎”4种手法交替使用，继续整形上光，直到干燥适度为止。

其制作工艺及所用工具都很古老。2011年4月，手工制作“恩施玉露”被列入湖北省第三批非物质文化遗产保护名录。

选购指导

恩施玉露成品茶分特级和一至五级。

品质鉴别

◎恩施玉露成茶条索紧细，色泽鲜绿，匀齐挺直，状如松针。观其外形，赏心悦目。

◎经沸水冲泡后，汤色嫩绿明亮，如玉如露，香气清鲜，滋味甘醇。

◎恩施玉露茶具备茶绿、汤绿、叶底绿“三绿”的显著特点。

冲泡方法

恩施玉露茶宜用玻璃杯冲泡，水温宜为70～80℃（极品玉露茶用凉水冲泡也适宜）。若用沸水冲泡易使玉露茶泡老闷熟，茶汤混浊、香气暗淡。冲泡时先温杯，再投茶，然后往杯中注入一点水浸润茶叶，再加水冲泡，1～2分钟后即可品饮。

汤色：浅黄明亮
叶底：翠绿匀整

车云山毛尖

湖北绿茶

半烘炒型绿茶

主要产地

湖北省随州市北部车云山一带

品质特征

条索：紧细圆直

色泽：翠绿显毫

汤色：杏黄明净

香气：清高，带熟板栗香

滋味：醇厚甘爽

叶底：嫩绿柔软

汤色：杏黄明净
叶底：嫩绿柔软

车云山毛尖为历史名茶，创制于民国年间。人们赞其："身段苗条佩玉绢，未涂脂粉香自来。"1915年参加巴拿马图标博览会时被誉为佳品；自20世纪70年代以来，多次获金奖、特等奖和一等奖。

采摘与制作工序

谷雨前后按一芽一叶或一芽二叶或一芽二、三叶分级采摘。采摘后经生锅、熟锅、赶条、理条、烘培、挑剔、包装7道工序制成。

选购指导

车云山毛尖分特级和一级、二级、三级，品质以谷雨前的茶为上乘。

品质鉴别

从外形上看，干茶紧细圆直，锋毫显露，色泽翠绿或墨绿；冲泡后内质香气清高，显浓厚的熟板栗香味，汤色嫩黄、清澈明亮。

湖北绿茶

采花毛尖

半烘炒型绿茶

品质特征

条索：细秀匀直显毫

色泽：翠绿油润

汤色：黄绿明亮

香气：香高持久

滋味：鲜爽回甘

叶底：嫩绿鲜活

主要产地

湖北省宜昌市五峰土家族自治县

汤色：黄绿明亮
叶底：嫩绿鲜活

采花毛尖为新创名茶，创制于20世纪80年代，是一款浓香型绿茶。采花毛尖1997年获湖北省“十大名茶精品”称号；2011年在第九届中国国际农产品交易会上荣获“金奖”。

采摘与制作工序

极品采全芽；特级采一芽一叶初展的鲜叶；一级采一芽一叶、一芽二叶初展的鲜叶；二级采一芽二叶。鲜叶采摘后经杀青、揉捻、打毛火、整形和足干5道工序制成。

选购指导

采花毛尖茶的等级：极品、特级、一级和二级。

品质鉴别

从外形上看，干茶细秀，匀直显毫，色泽翠绿或墨绿；冲泡后内质香气高而持久，汤色清澈明亮或绿而明亮。

安化松针

湖南绿茶

半烘炒型绿茶

主要产地

湖南省益阳市安化县境内的芙蓉山、云台山

品质特征

条索：细直秀丽，宛如松针

色泽：翠绿显毫

汤色：浅黄明亮

香气：浓厚馥郁

滋味：甘醇鲜爽

叶底：匀嫩

汤色：浅黄明亮
叶底：匀嫩

安化松针为新创名茶，创制于1959年，因产于安化、形如松针而得名。在20世纪60年代被誉为湖南三大名茶之一；1989年被农业部评为“全国名茶”。

采摘与制作工序

高档茶采用一芽一叶初展的幼嫩鲜叶；普通茶采用一芽二叶初展的鲜叶。鲜叶采摘后经摊放、杀青、揉捻、炒坯、摊凉、整形、干燥、筛拣8道工序制作而成。其中整形是决定松针茶细圆紧直形状的关键工序。

选购指导

安化松针按照品级分特级和松针一号、松针二号。

品质鉴别

从外形上看，干茶长直紧细，宛如松针，白毫显露，色泽翠绿；冲泡后内质香气馥郁持久，汤色浅黄明亮。

湖南绿茶

古丈毛尖

炒青绿茶

品质特征

条索：紧结秀丽
色泽：翠绿披毫
汤色：清澈明亮
香气：高香清鲜
滋味：浓醇鲜爽
叶底：嫩绿软亮

主要产地

湖南省武陵山区湘西土家族苗族自治州的古丈县

汤色：清澈明亮
叶底：嫩绿软亮

古丈毛尖茶为历史名茶，始种于东汉，在唐代即为贡品。此茶香高持久、回味悠长、耐冲泡，特具高山茶风味，2010年获第八届国际名茶评比会金奖；2011年“古丈毛尖”商标获“中国驰名商标”。

采摘与制作工序

于清明前后15天内采摘一芽一叶初展的鲜叶。鲜叶采摘后经杀青、清风、初揉、炒二青、做条、提毫收锅等8道工序制成。

选购指导

选购古丈毛尖一定要注意茶的产地，看包装上是否以古丈茶园为背景及是否有“中国驰名商标”的标志。

品质鉴别

从外形上看，干茶条索紧细，锋苗挺秀，茸毛披露，色泽翠绿或墨绿；冲泡后，内质香气清香馥郁，汤色清澈明亮，滋味醇爽。

岳阳洞庭春

湖南绿茶

半烘炒型绿茶

主要产地

湖南省岳阳市岳阳县黄沙街茶叶示范场

品质特征

条索：紧结微曲，芽叶肥硕匀齐

色泽：银毫隐翠

汤色：黄绿清澈

香气：高鲜持久

滋味：醇厚鲜爽

叶底：嫩绿明亮

岳阳洞庭春为新创名茶，其系列产品以“色绿、香郁、味厚、形壮”四绝著称。洞庭春茶叶示范场境内树木葱翠，土壤肥沃，气候温和，雨量充沛，四季云雾弥漫、飘游天空，恰有“不是高山似高山”的自然特色，从而孕育出了“洞庭春”茶的独特风格。

辉煌历程

洞庭春茶创制于1984年，在1985年湖南省名优茶评比会上，岳阳洞庭春被评为全省十大名茶榜首，同年被农牧渔业部授予金杯奖；1988年洞庭春芽被评为省级名茶，1989年被评为部级名茶；1998年被国家绿色食品办定为“绿色食品”。

茶叶采摘

于春分后1～7天开采，谷雨前6～8天结束，分高、中档进行采摘。高档茶采摘标准为一芽一叶初展的鲜叶；中档茶采摘标准为一芽一叶开展或一芽二叶初展的鲜叶（洞庭春芽茶则采一个芽头或一芽一叶初展的鲜叶）。

制作工序

高档洞庭春茶采用全手工制作，分摊青、杀青、清风、揉捻、做条、提毫、摊凉、烘培、贮藏、包装10道工序。

选购指导

洞庭春茶为系列产品，主要包括洞庭春和洞庭春芽（银针）。真品洞庭春茶具有“三绿”（即干茶翠绿、汤色碧绿、叶底嫩绿）和“三香”（即开袋吐香、满室异香、满口余香）的特点。

品质鉴别

◎ **从外形上看：**洞庭春茶条索紧结微曲，芽叶肥硕匀齐，银毫满披隐翠；洞庭春芽茶条索紧直，芽叶肥硕匀齐，银毫满披隐翠。

◎ **从内质上说：**洞庭春茶香气高鲜持久，滋味醇厚鲜爽，汤色嫩绿清澈，叶底嫩绿明亮；洞庭春芽茶香气高鲜，滋味醇厚鲜爽，汤色黄绿清澈，叶底嫩绿明亮。

冲泡方法

洞庭春茶芽叶细嫩，宜用透明的玻璃杯以“上投法”冲泡，水温以80℃左右为宜（若用100℃的沸水冲泡，会破坏芽叶中的维生素，并造成熟汤失味）。先向玻璃杯中注入约七分满的开水，待水温凉至80℃左右时，再投入3～5克干茶，投茶时，纷纷飘落的茶芽缓缓沉入杯底，形似飞绿叠翠。冲泡洞庭春芽茶时，杯中茶叶如青龙吐珠，游鱼戏水，相互攀缘，又似雨后春笋，妙趣横生，十分壮观。

汤色：黄绿清澈
叶底：嫩绿明亮

湖南绿茶

细嫩烘青绿茶

高桥银峰

主要产地

湖南省长沙市长沙县高桥镇

品质特征

条索：紧细微卷曲，匀整

色泽：翠绿显毫

汤色：浅黄明亮

香气：嫩香持久

滋味：鲜纯回甘

叶底：嫩匀明亮

汤色：浅黄明亮
叶底：嫩匀明亮

高桥银峰为新创名茶，1959年由湖南省茶叶研究所研制，其首创“提毫”技术，形成了高桥银峰茶的独特风格。1981年，高桥银峰被省农业厅评为湖南省名茶；1989年7月参加农业部在西安主办的全国名优茶评选会并一举荣获名茶称号。

采摘与制作工序

一般在3月下旬开采，采摘标准为一芽一叶初展的鲜叶。鲜叶采摘后经摊青、杀青、清风、初揉、初干做条、提毫、摊凉、烘焙、摊凉9道工序制成。

选购指导

常见品牌有“天牌”高桥银峰等。

品质鉴别

从外形上看，干茶条索紧细匀整，卷曲显毫，色泽翠绿或银绿隐翠；冲泡后内质香气清高持久，汤色晶莹明亮，叶底嫩匀。

湖南绿茶

官庄毛尖

半烘炒型绿茶

品质特征

条索：肥硕微弯

色泽：银毫隐翠

汤色：浅黄明亮

香气：高锐持久

滋味：鲜醇

叶底：嫩绿软亮

主要产地

湖南省怀化市沅陵县官庄介亭、黄金坪一带茶场

汤色：浅黄明亮
叶底：嫩绿软亮

官庄毛尖为恢复生产的历史名茶，在唐朝时曾盛行一时，清代乾隆年间被作为贡品。1980年恢复生产。

采摘与制作工序

采摘标准为一芽一叶的鲜叶。鲜叶采摘后经杀青、揉捻、初干、做条、提毫、烘培6道工序制成。

选购指导

著名商标“干发茶叶”系列展出的官庄毛尖是沅陵茶的杰出代表之一，品质有保障，色泽翠绿，白毫显露，香气清高弥久，汤色晶莹透亮。

品质鉴别

从外形上看，干茶肥硕微弯，白毫满披，色泽翠绿或墨绿隐翠；冲泡后内质香气高锐持久，汤色浅黄明亮，滋味鲜醇。

湖南绿茶

南岳云雾

半烘炒型绿茶

主要产地

湖南省衡阳市
南岳区衡山

品质特征

条索：紧细卷曲
色泽：绿润显毫
汤色：黄绿明亮
香气：高鲜馥郁
滋味：醇厚甘爽
叶底：匀整嫩绿

汤色：黄绿明亮
叶底：匀整嫩绿

南岳云雾为历史名茶，创制于唐代，是湖南省最早的高山有机茶，是“中国五大云雾茶”之一。该茶于1994年获国家“绿色食品”质量标志证书。

采摘与制作工序

上品云雾茶采摘一芽一叶初展的鲜叶；中品茶（一、二级）采摘一芽一叶开展和一芽二叶；下品茶采摘一芽二叶和一芽三叶。鲜叶采摘后经杀青、清风、初揉、初干、整形、提毫、摊凉、烘培8道工序制成。

选购指导

南岳云雾茶分特级、一级、二级、普通级等级别。

品质鉴别

从外形上看，干茶紧细弯曲，挺秀多毫，色泽鲜绿或墨绿；冲泡后内质香气馥郁，汤色黄绿明亮。

湖南绿茶

玲珑茶

半烘炒型绿茶

品质特征

条索：紧细弯曲，状如环钩

色泽：绿润显毫

汤色：清澈明亮

香气：鲜锐持久，有栗香

滋味：浓醇甘爽

叶底：嫩匀明亮

主要产地

湖南省郴州市罗霄山脉的桂东县清泉镇玲珑茶场

汤色：浅黄明亮
叶底：嫩绿软亮

玲珑茶为恢复生产的历史名茶，创制于明末清初。该茶多次获“湖南名牌产品”和“湖南省著名商标”；1985年获得农牧渔业部优质产品奖。现在，玲珑茶已正式获批成为地理标志保护产品。

采摘与制作工序

一般于3月中下旬开采，极品玲珑茶采摘标准为一芽一叶初展的鲜叶。鲜叶采摘后经摊放、杀青、清风、揉捻、初干、整形提毫、摊凉、足火等工序制成。

选购指导

选购时以叶色绿、白毫多、芽叶细长者为佳品。

品质鉴别

从外形看，干茶条索紧细弯曲，状如环钩，白毫显露，色泽绿润或墨绿；冲泡后内质显栗香，汤色清澈明亮，滋味浓醇。

湘波绿

湖南绿茶

半烘炒型绿茶

主要产地

湖南省岳阳市

临湘市

品质特征

条索：紧结弯曲

色泽：绿翠显毫

汤色：黄绿明亮

香气：高锐鲜爽

滋味：醇厚爽口

叶底：黄绿光鲜

汤色：黄绿明亮

叶底：黄绿光鲜

湘波绿为新创名茶，产于湖南省茶叶研究所实验茶厂。该茶是湖南省茶叶研究所继1959年成功研制高桥银峰名茶之后，为适应市场，于 1961年又研制的一款绿茶名品。该茶自1981年以来多次被评为省级名茶。

采摘与制作工序

于清明前后开采一芽二叶初展的鲜叶，不采虫伤叶和紫、红芽叶。鲜叶采摘后经杀青、清风、初揉、初干、复揉、复干、做条、提毫、摊凉和烘焙等十余道工序制成。

选购指导

常见的有“铜珍牌”湘波绿等，购买时可进行参考。

品质鉴别

从外形上看，湘波绿茶紧结弯曲，显白毫，干茶色泽翠绿或墨绿；冲泡后内质香气高锐鲜爽，汤色清澈明亮。

湖南绿茶

碣滩茶

半烘炒型绿茶

品质特征

条索：紧秀均匀，略卷曲

色泽：绿润显毫

汤色：绿亮明净

香气：香高持久，带栗香

滋味：鲜醇甘爽

叶底：嫩匀明亮，芽叶成朵

主要产地

湖南省怀化市沅陵县武陵山沅水江畔的沅陵碣滩山区

汤色：绿亮明净
叶底：嫩匀成朵

碣滩茶得名于唐代（为唐代贡品），明清时称其为“辰州碣滩茶”，1980年恢复生产。碣滩茶的形、色、香、味都很独特，一人品茶满屋香气，冲泡时杯中茶叶时起时落如银鱼游翔，因其品质优秀，2010年获得上海国际名茶评比会特别金奖。

采摘与制作工序

采摘一芽一叶初展的鲜叶。采摘后经杀青、清风、初揉、初干、复揉、复干、烘焙、摊凉、包装等工序制成。

选购指导

“皇后牌”碣滩茶（现为“凤姣牌”碣滩茶）品质极佳，代表产品有“碣滩贡茶”等。

品质鉴别

从外形看，干茶条索紧细圆曲，挺秀显锋苗，白毫显露，色泽绿润或墨绿；冲泡后内质香气清高持久，显栗香，汤色明绿。

云南绿茶

南糯白毫

烘青绿茶

主要产地

云南省西双版纳傣族自治州勐海县的南糯山

品质特征

条索：条索紧结，有锋苗

色泽：绿润或褐润，身披白毫

汤色：黄绿明亮或黄绿鲜艳

香气：馥郁清纯

滋味：浓厚醇爽

叶底：嫩匀成朵

汤色：黄绿鲜艳
叶底：嫩匀成朵

南糯白毫，因产于世界“茶树王”所在地——勐海县的南糯山而得名。南糯白毫创制于1981年，采自云南大叶种，茶条紧结、壮实、匀整、白毫密布。富含茶多酚、咖啡碱等成分，曾经连续两年被评为全国名茶。

采摘与制作工序

一般只采春茶，3月上旬开采，标准为一芽二叶的鲜叶。鲜叶采摘后经摊青、杀青、揉捻和烘干4道工序制成。

选购指导

以南糯山上特制的芽叶肥嫩、叶质柔软、茸毫密布的南糯白毫为上品。

品质鉴别

从外形上看，南糯白毫条索紧结，有锋苗，身披白毫，干茶色泽绿润或褐润；冲泡后内质香气馥郁清纯，汤色黄绿明亮或黄绿鲜艳。

云南绿茶

云南曲螺

烘青绿茶

品质特征

条索：卷曲成螺，白毫显著

色泽：银绿泛褐，油润银亮

汤色：嫩绿鲜艳，清澈明亮

香气：豆香浓郁，带花香，香气持久

滋味：醇和回甘

叶底：柔软肥壮

主要产地

云南省临沧市、保山市、普洱市等地

汤色：嫩绿鲜艳
叶底：柔软肥壮

云南曲螺为新创名茶，茶谚曰："高山云雾出名茶"，产地云南具有茶树生长的得天独厚的自然地理环境。长期以来经过各族人民的辛勤培育，云南大叶种茶已成为驰名中外的优良茶树品种，以其鲜叶为原料制出的云南曲螺深受人们的喜爱。

采摘与制作工序

选用云南大叶种鲜叶为原料，精选一芽二叶的细嫩芽叶。鲜叶经过杀青、揉捻、烘干等工序制成。

选购指导

具有独特的森林气息，浓郁持久的花香、豆香，这是选购云南曲螺的必要参考条件。

品质鉴别

从外形上看，干茶卷曲成螺，白毫显露，色泽银绿泛褐，油润银亮；冲泡后，内质香气带豆香，汤色嫩绿鲜艳，清澈明亮。

绿春玛玉茶

云南绿茶

炒青绿茶

主要产地

云南省红河哈尼族彝族自治州绿春县骑马坝乡哈尼山寨玛玉村

品质特征

条索：紧结壮实，白毫显露

色泽：墨绿油润

汤色：杏黄明亮

香气：香高馥郁

滋味：浓醇回甘

叶底：黄绿，细嫩，柔软

汤色：杏黄明亮
叶底：黄绿柔软

绿春玛玉茶为新创名茶，创制于20世纪70年代。1999年，在首届“云茶杯”云南名茶评比中玛玉茶获名茶称号。

采摘与制作工序

特级玛玉茶采用发育健壮、初展完整的一芽一叶的鲜叶；普通级玛玉茶采用一芽二叶至一芽三叶的鲜叶。采摘后经杀青、摊凉、揉捻、初干、复捻、理条、复干、提毫等工艺精制而成。

选购指导

玛玉茶由过去单一的产品发展为系列产品，包括玛玉茶特级、玛玉茶普通级、玛玉银针、碧玉春、绿玉银毫茶五大品系。

品质鉴别

从外形上看，干茶紧结壮实，白毫显露，色泽绿润或墨绿油润；冲泡后内质香气香高馥郁，汤色杏黄明亮。

云南绿茶

云南玉针

炒青绿茶

品质特征

条索：紧结挺直，似针

色泽：黄绿相间，白毫显著

汤色：黄绿明亮

香气：豆香浓郁，带花香，香气持久

滋味：醇和回甘

叶底：匀整嫩绿

主要产地

云南省普洱市墨江哈尼族自治县

汤色：黄绿明亮
叶底：匀整嫩绿

云南玉针为新创名茶，此茶条索细长尖翘，有苗锋，形似玉针，故而得名玉针。泡制时叶片轻盈舞动，悬浮杯中，令人赏心悦目，悠然怡情。

采摘与制作工序

一般于清明节前采摘，采摘海拔1600米以上生态茶园云南大叶种茶品种的鲜嫩茶芽。鲜叶采摘后经过杀青、揉捻、干燥等工序制成。

选购指导

选购时要注意以干茶外形细长尖翘、有苗锋、香气清香袭人的为优，若是叶片破损、暗淡无光则为次品。

品质鉴别

从外形上看，云南玉针茶挺直似针，紧结显毫，干茶色泽黄绿相间；冲泡后内质香气豆香浓郁，汤色黄绿明亮，叶底匀整嫩绿。

云南绿茶

墨江云针

针形晒青绿茶

主要产地

云南省普洱市墨江哈尼族自治县

品质特征

条索：紧直如针，显毫

色泽：黑绿油润

汤色：黄绿明亮

香气：馥郁清香

滋味：鲜醇爽口

叶底：嫩匀明亮

汤色：黄绿明亮
叶底：嫩匀明亮

墨江云针为新创名茶，创制于1975年，以外形细紧似针，锋苗挺直，毫芽银白而得名。该茶于1980年和1981年被评为云南名茶。

采摘与制作工序

采摘标准以一芽一叶的鲜叶为主，占总量的60%，一芽二叶、一芽三叶的鲜叶占40%。采摘后经手工杀青、机械初揉、手工做形、晾干、筛分、挑剔、补火等工序制成。

选购指导

购买时注意以茶条挺直、紧密如针、毫芽银白者为上品。

品质鉴别

从外形上看，墨江云针茶紧直如针，白毫显露，干茶色泽黑绿油润；内质香气馥郁清香，汤色黄绿明亮，叶底嫩绿匀亮。

牟定化佛茶

云南绿茶

细嫩烘青绿茶

品质特征

条索：条索紧结，银毫显露

色泽：墨绿油润

汤色：黄绿明亮

香气：鲜浓持久

滋味：浓醇回甘

叶底：嫩绿匀整

主要产地

云南省楚雄彝族自治州牟定县化佛山麓的庆丰茶场

汤色：黄绿明亮
叶底：嫩绿匀整

牟定化佛茶为新创名茶，创制于20世纪80年代初。此茶汤开以后，热闻茶汤清香扑鼻，冷嗅则暗香幽久，入口品尝则浓醇鲜爽，回甘之味久溢唇齿，使人心旷神怡，有“飘飘乎遗世独立，羽化而登仙”的感觉，因而得名化佛茶。

采摘与制作工序

采摘大叶种茶的一芽一叶或一芽二叶初展的鲜叶。鲜叶采摘后经过杀青、揉捻、理条、烘干、筛选拣剔、补火6道工序精制而成。

选购指导

购买时可参考云南牟定化佛茶叶公司出产的化佛茶。

品质鉴别

从外形上看，干茶条索紧结，白毫显露，色泽墨绿；冲泡后内质香气鲜浓持久，汤色清绿明亮，滋味浓醇回甘。

云南绿茶

炒青绿茶

蒸酶茶

主要产地

云南省临沧市凤庆县

品质特征

条索：紧结重实

色泽：墨绿泛褐起霜或墨绿起霜

汤色：黄绿鲜艳或黄绿明亮

香气：高锐

滋味：鲜醇

叶底：嫩绿明亮

汤色：黄绿鲜艳
叶底：嫩绿明亮

蒸酶茶为新创名茶，20世纪80年代初，凤庆茶厂开始试制蒸青式绿茶，成功后于1989年正式命名为蒸酶茶。该茶耐冲泡，内含丰富营养物质，具有美容、助消化、防衰老等功效，实为茶叶中的珍品。

采摘与制作工序

采摘一芽一叶和一芽二叶初展的芽叶。采摘后经摊放、蒸汽杀青、揉捻、辉干等工序制成。由于采用了蒸汽杀青工艺，减轻了云南大叶种绿茶的苦涩。

选购指导

常见的品牌有“回味牌”蒸酶茶“耿马蒸酶茶”等，品质较佳，选购时可进行参考。

品质鉴别

从外形上看，干茶条索紧结重实，色泽墨绿泛褐起霜或墨绿起霜；冲泡后内质香气高锐，汤色黄绿鲜艳明亮或黄绿明亮。

云南绿茶

云海白毫

半烘炒型绿茶

品质特征

条索：紧直挺秀，身披白毫

色泽：深绿

汤色：黄绿明亮

香气：香气清新

滋味：浓爽

叶底：匀整嫩绿

主要产地

云南省西双版纳傣族自治州勐海县

汤色：黄绿明亮

叶底：匀整嫩绿

云海白毫为新创名茶，由云南省茶叶研究所创制于20世纪70年代，是用云南大叶种茶叶制作的绿茶。此茶于1986年被商业部评为优质产品，荣获全国名茶称号。

采摘与制作工序

鲜品以细嫩为原则，采摘标准为一芽一叶半开展或初展的鲜叶，要求芽叶大小、长短、色泽均匀一致。采摘后经蒸青、揉捻、炒二青、理条整形、复炒等工序制成。

选购指导

选购时以白毫明显、色泽乌润者为上品。

品质鉴别

从外形上看，干茶条索紧直如针，锋苗挺秀，满披白毫；冲泡后内质香气清鲜高爽，汤色黄绿明亮，清澈见底，叶底鲜嫩。

女儿环

云南绿茶

花型绿茶

主要产地

云南省普洱市思茅区

品质特征

条索：呈圆环状，满披白色绒毛

色泽：灰白油润

汤色：嫩黄清亮

香气：高长

滋味：醇厚回甘

叶底：肥壮长美

汤色：嫩黄清亮
叶底：肥壮

女儿环属于绿茶类，采用上等绿茶作为原料，经手工精心制作而成。因能手工揉绕成小巧可爱似女孩的耳环形状的环形而得名“女儿环”。其外观造型独特，香气和滋味亦别具特色，清汤绿叶，十分可爱，具有较高的艺术欣赏价值。

采摘与制作工序

采用上等云南滇青品种作为原料。采摘后经杀青、揉捻、手工造型、干燥等工序制成。

选购指导

女儿环茶叶上覆盖的白色绒毛要远多于其他种类的绿茶，而这种绒毛越多，品质越好。

品质鉴别

从外形上看，干茶呈圆环状，满披白色绒毛，色泽绿润或灰绿泛褐；冲泡后内质香气高长，汤色嫩黄、清澈明亮，叶底肥壮。

四川绿茶

蒙顶甘露

半烘炒型绿茶

品质特征

条索：卷曲紧秀，茸毫遍布

色泽：嫩绿油润或银绿泛黄

汤色：浅黄鲜亮

香气：嫩香馥郁

滋味：鲜嫩爽口

叶底：嫩黄匀亮

主要产地

四川省雅安市名山县蒙顶山一带

汤色：浅黄鲜亮
叶底：嫩黄匀亮

蒙山种茶已有2000年左右的历史，品质极佳，而蒙顶甘露只是蒙顶茶品种之一。1959年被评为全国名茶；1994年获蒙古国国际商工贸产品博览会金奖；1995年获第二届中国农业博览会金奖。

采摘与制作工序

每年春分时节开采，采摘标准为单芽或一芽一叶初展的细嫩鲜叶。采摘后经摊放、高温杀青、头揉、炒二青、二揉、炒三青、三揉、整形、初烘、匀小堆、复烘等工序制成。

选购指导

常见品牌有“跃华牌”“味独珍”等，选购时可供参考。

品质鉴别

从外形上看，蒙顶甘露茶紧卷多毫，干茶色泽嫩绿油润或银绿泛黄；冲泡后内质香气馥郁芬芳，汤色碧清微黄。

竹叶青

四川绿茶

扁形炒青绿茶

主要产地

四川省峨眉山市峨眉山及周边地区

品质特征

条索：扁平光滑，挺直秀丽

色泽：嫩绿油润

汤色：嫩黄清透

香气：清香馥郁

滋味：鲜嫩醇爽

叶底：嫩绿明亮

竹叶青为新创名茶，是产自峨眉山800～1500米海拔的典型高山绿茶，每500克茶需要35 000～45 000颗芽心组成；加上抖、抓、撇、压等十余道工艺的精细打磨，使得竹叶青的品质成为绿茶里的佼佼者。

辉煌历程

竹叶青创制于1964年，1989年“竹叶青”作为商标正式经国家商标局批准，现属四川省峨眉山竹叶青茶厂独家拥有。1993年获德国斯图加特第十四届国际博览会金奖；1996年获北京国际食品及加工技术博览会金奖；1997年获全国“中茶杯”优质名茶称号。

茶叶采摘

一般在3月上旬开采（福鼎系良种在2月中、下旬即可采摘），采摘标准为单芽至一芽一叶初展的鲜叶。高档名茶在清明前采制完毕，夏、秋茶仅适宜于采制中低档名茶。

制作工序

鲜叶采摘后经摊放、杀青、做形、摊凉、分筛、辉锅等工艺精制而成。其中，做形工艺较为复杂，但现在大多采用机械制法，大大提高了效率。

选购指导

竹叶青分为品味、静心、论道几个等级。品味级已是茶中上品，静心级则为茶中珍品，而论道级更是珍品中的罕见珍品了。

品质鉴别

◎正常情况下，竹叶青冲泡后呈针状立起来，色泽微黄淡绿，汤色晶莹剔透；如果茶叶不规则散开、汤色浑浊、色泽暗淡则为次品或陈品。

◎等级过低的竹叶青，叶片较粗，包裹得不够紧实，经高温水一冲泡，就完全展开了。

冲泡方法

冲泡高档细嫩的竹叶青茶，可选用玻璃杯或白瓷杯，水温80～85℃，宜采用“下投法”冲泡。

所谓下投法，即先在杯中倒入少量水，投入茶叶后，待茶叶全部润湿，再将水沿杯壁注入。用此方法和80～85℃水温泡出的竹叶青，汤色微绿，尖状的茶叶在水中慢慢展开，是很好的解暑佳品。

若能搭配峨眉山神水阁的矿泉水则更能冲泡出真味。

汤色：嫩黄清透
叶底：嫩绿明亮

四川绿茶

蒙顶石花

扁形炒青绿茶

主要产地

四川省雅安市名山县蒙顶山一带

品质特征

条索：扁直匀整，锋苗挺锐

色泽：黄绿，芽披银毫

汤色：嫩黄明亮

香气：毫香浓郁

滋味：味醇鲜爽

叶底：细嫩匀整

汤色：嫩黄明亮
叶底：细嫩匀整

蒙顶石花为历史名茶，产于蒙顶山，因似生长在岩石上的苔藓，外形像花，故名。该茶1983～1985年连续3年获四川省农牧厅名优茶称号。

采摘与制作工序

春分前后采摘鳞片展开的芽头，芽长1.0～1.5厘米。鲜叶采摘后经摊放、杀青、炒二三青、做形提毫、烘干、包装等工序制成。

品质鉴别

从外形上看，干茶扁平秀丽，锋苗挺锐，嫩芽银毫，色泽黄绿油润；冲泡后内质香气毫香浓郁，汤色嫩黄明亮。

冲泡方法

蒙顶石花为细嫩名优绿茶，宜用透明玻璃杯以“下投法”冲泡，水温以75～80℃为宜，茶水比例建议为1：50，水质选择纯净水为佳。

青城雪芽

四川绿茶

条形炒青绿茶

品质特征

条索：芽叶壮丽，形直秀丽微曲

色泽：嫩绿或墨绿，白毫显露

汤色：黄绿而清澈

香气：清高

滋味：鲜浓

叶底：嫩匀鲜绿

主要产地

四川省成都市都江堰市灌县青城山地区

汤色：黄绿而清澈
叶底：嫩匀鲜绿

青城雪芽为新创名茶，创制于20世纪50年代，其外形秀丽微曲，白毫显露，香浓味爽，汤绿清澈，耐冲泡，曾经连续3年荣获“中国名茶金奖”。

采摘与制作工序

采摘于清明前后数日，以一芽一叶为标准。要求芽叶全长3.5厘米，鲜嫩匀整。采摘后经杀青、摊凉、揉捻、二炒、复揉、三炒、整形、烘焙等工艺制成。

选购指导

常见品牌有“贡品堂”等。

品质鉴别

从外形上看，青城雪芽茶紧直微曲，白毫显露，干茶色泽嫩绿或墨绿；冲泡后内质香气清高，汤色黄绿而清澈，滋味鲜浓，叶底嫩匀。

峨眉山峨蕊

四川绿茶

炒青绿茶

主要产地

四川省乐山市峨眉山市峨眉山净山寺、黑水寺及普兴、符纹一带

品质特征

条索：紧细匀卷，密布茸毫

色泽：嫩绿或墨绿，鲜润显毫

汤色：黄绿明亮

香气：清香馥郁

滋味：浓醇甘爽

叶底：嫩绿明亮

汤色：黄绿明亮
叶底：嫩绿明亮

峨眉山峨蕊为新创名茶，创制于1959年。1990年“峨蕊”作为商标正式经国家商标局批准，现属四川省峨眉山竹叶青茶厂独家拥有。从1983年起连续3年被省农牧厅评为优质名茶。

采摘与制作工序

一般在3月上旬开采（福鼎系良种在2月中、下旬即可开摘），采摘标准为单芽至一芽一叶开展的鲜叶。采摘后经摊青、杀青、做形、烘干等工序制成。

选购指导

一般在每年清明节前采制的春茶为高档茶，夏、秋茶品质略低。

品质鉴别

从外形上看，干茶条索紧细卷曲，细嫩显毫，形似花蕊，色泽嫩绿或墨绿；冲泡后内质香气清香馥郁，汤色黄绿明亮。

四川绿茶

半烘炒型绿茶

峨眉毛峰

品质特征

条索：细紧稍弯呈针状

色泽：嫩绿油润或墨绿油润

汤色：黄绿明亮

香气：高带毫香

滋味：浓醇爽口回甘

叶底：整叶全芽，嫩绿明亮

主要产地

四川省雅安市凤鸣乡

汤色：黄绿明亮
叶底：嫩绿明亮

峨眉毛峰为新创名茶，创制于1978年。1982年该茶被商业部评为全国名茶，1985年在首届优质食品评选博览会上获得金质奖。

采摘与制作工序

采摘标准为单芽或一芽一叶的鲜叶。峨眉毛峰继承了当地传统名茶的制作方法，引用现代技术，采取烘炒结合的工艺，炒、揉、烘交替，扬烘青之长，避炒青之短，研究成独具一格的峨眉毛峰制作技术。整个炒制过程分为三炒、三揉、四烘、一整形共11道工序。

选购指导

常见品牌有“贡品堂”等。

品质鉴别

从外形上看，干茶条索细紧，呈针状，鲜润显毫，色泽嫩绿或墨绿；冲泡后内质香气高带毫香，汤色黄绿明亮。

宝顶绿茶

四川绿茶

炒青绿茶

主要产地

四川省东部大巴山余脉垫江宝顶塔西麓的东印山

品质特征

条索：条索紧结，细嫩显毫

色泽：墨绿油润

汤色：黄绿清澈

香气：清高纯正

滋味：醇爽馥郁

叶底：嫩绿黄亮

汤色：黄绿清澈
叶底：嫩绿黄亮

宝顶绿茶于1983年春试制，历经多次改进、筛选，以四川中叶早芽种鲜叶为原料，连续3年被评为四川省优质名茶。

采摘与制作工序

清明前采摘细嫩芽叶，100克干茶需要3800多个芽头。鲜叶采摘后经摊放、杀青、揉捻、干燥等几道工序制成。

选购指导

宝顶绿茶原料精细，采摘严格，所以产量较少，极为珍贵，价格也相对较高。选购时一定要注意选择正宗川东所产的宝顶绿茶，且以看起来叶片鲜嫩者为佳。

品质鉴别

从外形上看，宝顶绿茶条索紧结，细嫩显毫，干茶色泽墨绿油润；冲泡后内质香气清高纯正，汤色黄绿清澈，叶底嫩绿黄亮。

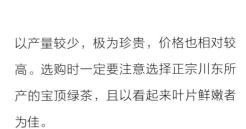

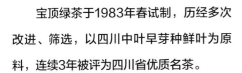

四川绿茶

巴山雀舌

炒青绿茶

品质特征

条索：扁平匀直

色泽：绿润或黄绿润

汤色：黄绿明亮

香气：高爽

滋味：醇厚回甘

叶底：嫩匀成朵，恰似山雀之舌

主要产地

四川省达州市万源市大巴山腹地的草坝茶场

汤色：黄绿明亮
叶底：嫩匀成朵

巴山雀舌为新创名茶，曾经荣获四川省优质名茶奖。巴山雀舌采用茶树的高档原料精心制作而成，茶叶以富含硒而闻名，抗氧化能力强，具有延缓衰老、防癌抗癌等作用。

采摘与制作工序

要求在清明前后采制特级，谷雨后采制一、二级茶。鲜叶标准为一芽一叶、一芽二叶初展的鲜叶，长短一致，约2.5厘米。采摘后经摊放、杀青、理条造形、提毫初干、摊凉、烘焙、挑剔、包装等工序制成。

选购指导

参考品牌有“贡品堂”等。

品质鉴别

从外形上看，干茶扁平匀直，略显毫，色泽绿润或黄绿润；冲泡后内质香气高爽，汤色黄绿明亮，叶底嫩匀成朵。

都匀毛尖

贵州绿茶

卷曲形炒青绿茶

主要产地

贵州省黔南布依族苗族自治州都匀市团山一带

品质特征

条索：匀整显毫，纤细卷曲

色泽：翠绿

汤色：黄绿明亮

香气：清香

滋味：鲜浓，回味甘甜

叶底：明亮肥壮

都匀毛尖为恢复生产的历史名茶，又名“白毛尖”“细毛尖”“鱼钩茶”，具有“三绿透黄色”的特色，即干茶色泽绿中带黄，汤色绿中透黄，叶底绿中显黄。其品质优秀，形可与太湖碧螺春并提，质能同信阳毛尖媲美。

辉煌历程

都匀毛尖创制于明清年间，1968年恢复生产，是黔南三大名茶之一。

1982年在长沙全国名茶评比会上，都匀毛尖荣获中国十大名茶称号，1988年在全国首届食品博览会上荣获金奖。

茶叶采摘

一般在清明前后开采，谷雨前后结束。与《都匀县志稿》所述“自清明节至立秋，并可采，谷雨前采者曰雨前茶，最佳，细者曰毛尖茶”是相吻合的。采摘标准为一芽一叶初展的鲜叶，长度不超过2厘米。通常炒制500克高级都匀毛尖需5.3万～5.6万个芽头。

制作工序

鲜叶采摘后经摊放、杀青、揉捻、搓团提毫、干燥5道工序制成。都匀毛尖茶全凭一双技巧熟练的手在锅内炒制，一气呵成。

选购指导

都匀毛尖分为珍品、特级、一级、二级等级别，以主产区团山乡茶农村的哨脚、哨上、黄河、黑沟、钱家坡所产品质为最佳。

品质鉴别

◎**看干茶：**正宗都匀毛尖茶的干茶色泽绿润，条索紧细卷曲有锋苗，白毫满布，闻之茶香飘逸、鲜爽清晰。

◎**品茶汤：**上乘都匀毛尖茶冲泡后，茶汤黄绿明亮，香气嫩香持久，滋味鲜爽，回味甘甜。

◎**审叶底：**都匀毛尖茶的原料是在清明前后采摘的第一叶初展的细嫩芽头，经冲泡后，叶底仍现芽叶，细嫩匀整，柔软鲜活。

冲泡方法

泡饮都匀毛尖时宜用玻璃茶器，采用“上投法”冲泡，一边冲泡，一边欣赏茶叶芽尖冲向水面，悬空直立，然后徐徐下沉，如春笋出土，似金枪林立，极为美妙。

冲泡时，水温为80℃左右，茶水比例为1：50，冲泡时间约2分钟。

汤色：黄绿明亮
叶底：明亮肥壮

贵州绿茶

湄江翠片

扁形炒青绿茶

主要产地

贵州省遵义市湄潭县湄潭茶场

品质特征

条索：扁平光滑，形似葵花籽

色泽：黄绿油润

汤色：清澈明亮

香气：清芬悦鼻

滋味：醇厚鲜爽，回味持久

叶底：嫩绿明亮，匀齐完整

汤色：清澈明亮

叶底：嫩绿明亮

湄江翠片又名湄江茶，创制于20世纪40年代。外形与狮峰龙井略为相似，内质的香气和滋味却独具特色，所含丰富的氨基酸是其持久嫩香的物质基础。

采摘与制作工序

清明前后5～7天采摘湄潭苔茶群体品种的一芽一叶初展的完整幼嫩芽叶，特级、一级、二级芽叶长度分别为1.5厘米、2厘米、2.5厘米。制作工序包括摊放、杀青理条、摊坯、二炒整形、再摊坯、三炒辉锅、选坯等。

选购指导

“四品君牌”和湄潭老村长茶业有限公司出品的“三品清”系列品质较佳。

品质鉴别

从外形上看，干茶扁平光滑，形似葵花籽，隐毫稀见，色泽黄绿油润；冲泡后，内质香气清芬悦鼻，汤色清澈明亮。

贵州绿茶

炒青绿茶

湄潭翠芽

品质特征

条索：扁平直光滑，匀齐挺秀，形似雀舌

色泽：翠绿油润

汤色：黄绿明亮

香气：清高持久，嫩香显著

滋味：甘醇鲜爽，回味悠长

叶底：嫩绿，鲜活明亮

主要产地

贵州省遵义市湄潭县

汤色：黄绿明亮
叶底：鲜活明亮

湄潭翠芽是在湄江翠片的基础上改革创新的新型名茶，并在短短的几年内就获得了28次“中茶杯”“中绿杯”等国家级名优茶评比金奖，还于2011年荣获“中国驰名商标”称号。

采摘与制作工序

清明前后开采（3月下旬至5月中旬），以清明时节品质最佳。高档湄潭翠芽采摘福鼎大白茶品种的优质芽头，要求芽头长1～1.5厘米；中低档湄潭翠芽采摘黔湄809、黔湄601等大中叶型茶树品种的独芽，要求芽头长1.5～3厘米。鲜叶采摘后，经摊青、杀青（初步做形）、出锅摊凉、二炒搭条（定型）、摊凉、辉锅、脱毫、提香、选坯工序制成。

选购指导

湄潭翠芽知名品牌有“兰馨牌”“银柜牌”“高原春雪牌”等。

贵定云雾茶

贵州绿茶

炒青绿茶

主要产地

贵州省贵定县云雾山地区（上坝、竹林、山寨、中寨、石门、关口等苗族村寨）

品质特征

条索：匀称美观，形如鱼钩

色泽：嫩绿或墨绿，特显白毫

汤色：黄绿清澈

香气：浓烈，具有独特浓厚的蜂蜜香

滋味：醇厚回甘

叶底：嫩匀明亮

汤色：黄绿清澈
叶底：嫩匀明亮

贵定云雾茶为恢复生产的历史名茶，唐、宋、元、明、清时期，曾屡作贡品。据乾隆年间的《贵州通志》记载，贵州云雾茶为茗品之冠，岁以充贡。

采摘与制作工序

在春季采摘3次，即清明前后采头道茶，谷雨采二道茶，立夏后采三道茶，采摘一芽一叶、一芽二叶的鲜叶。制作工序包括杀青、揉捻、搓条、揉团提毫、烘干等。

选购指导

乾隆五十五年（1790年），清政府在鸟王村关口寨特立贡茶碑，云雾镇鸟王村生产的云雾茶品质极佳。

品质鉴别

从外形上看，干茶紧卷弯曲，形如鱼钩，白毫充分显露，色泽银绿；冲泡后内质香气浓烈，汤色黄绿清澈，叶底嫩匀。

贵州绿茶

烘青绿茶

遵义毛峰

品质特征

条索：紧细圆直，锋苗显露

色泽：翠绿润亮或墨绿油润

汤色：黄绿明亮

香气：嫩香持久

滋味：清醇鲜爽

叶底：嫩绿鲜活

主要产地

贵州省遵义市湄潭县一带

汤色：黄绿明亮
叶底：嫩绿鲜活

遵义毛峰为新创名茶，1974年由贵州省茶叶科学研究所为纪念遵义会议而创制。

采摘与制作工序

采于清明前后。分3个级别，特级茶为一芽一叶初展或全展的鲜叶，芽叶长度2～2.5厘米；一级茶以一芽一叶为主，芽叶长度2.5～3.0厘米；二级茶为一芽二叶，芽叶长度3～3.5厘米。鲜叶采摘后经分级挑选、挑剔、杀青、揉捻、抖撒失水、搓条造形（理直、裹紧、搓圆）、提毫足干等几道工序制成。

选购指导

常见品牌有“寸心草”“四品君”等。

品质鉴别

从外形上看，遵义毛峰茶紧细圆直，锋苗完整挺秀，干茶色泽翠绿或墨绿；冲泡后内质香气嫩香持久。

信阳毛尖

河南绿茶

烘青绿茶

主要产地

河南省信阳市西南部山区的车云山、集云山、云雾山、天云山、黑龙潭、白龙潭等茶场

品质特征

条索：细秀匀直

色泽：翠绿或绿润

汤色：黄绿明亮

香气：清香高长

滋味：浓烈或浓醇

叶底：细嫩匀整

信阳毛尖为历史名茶，是中国十大名茶之一，一直以形秀、色绿、香高、味鲜而闻名，其外形细、圆、紧、直、多毫；内质清香，汤绿味浓，口感很好。北宋文学家苏东坡曾说过：“淮南茶，信阳第一”。

辉煌历程

信阳毛尖是河南著名特产，创制于清末，1915年在巴拿马万国商品博览会上获金质奖；1982年、1986年，被商业部评为部级优质产品，荣获全国名茶称号。信阳毛尖享誉国内外。

茶叶采摘

南山4月上旬开采；西山（高山区）4月下旬开采。特级毛尖茶采用一芽一叶初展的鲜叶；一级毛尖茶采用一芽二叶初展的鲜叶；二级、三级毛尖茶采用一芽二叶、一芽三叶展开的鲜叶；四级、五级毛尖茶采用一芽三叶及一芽二到三叶对夹叶。

制作工序

鲜叶采摘后经摊晾、生锅、熟锅、初烘、摊凉、复烘、挑剔、再复烘等工序制成。

选购指导

信阳毛尖依品质优次，分为特级、一级、二级、三级、四级、无级和级外。常见品牌有“龙潭牌”“艺福牌”“文新牌”等。

品质鉴别

◎特级信阳毛尖外形细秀匀直，显锋苗，白毫遍布；色泽翠绿；汤色嫩绿鲜亮；香气鲜嫩高爽；滋味鲜爽；叶底嫩绿明亮，细嫩匀齐。

◎一级信阳毛尖外形细、圆、光、直，有锋苗，白毫显露；色泽翠绿；汤色翠绿鲜亮；清香高长，略带熟板栗香；滋味鲜浓；叶底鲜绿明亮，细嫩匀整。

◎二级信阳毛尖外形细圆紧直，芽毫稍露；色泽绿润；汤色翠绿明亮；香气清香，有熟板栗香；滋味浓厚回甘；叶底鲜绿匀整。

冲泡方法

冲泡信阳毛尖时，可选用纯净水和玻璃杯，水温以80℃左右为宜。

泡茶讲究“高冲水，低斟茶”，将茶芽快速击荡开来。此时，杯中茶汤淡黄微绿，茶香清香悠长，茶芽亭亭玉立，若浮若沉，芽叶掩映生辉，十分生动。品时入口微苦，旋而回甘，继之醇厚鲜爽，令人心旷神怡，回味隽永。

汤色：黄绿明亮
叶底：细嫩匀整

新林玉露

河南绿茶

蒸青绿茶

主要产地

河南省信阳市新县八里畈镇境内

品质特征

条索：条索纤细挺直，似松针

色泽：墨绿或深绿

汤色：碧绿如玉

香气：清悠

滋味：醇厚回甘

叶底：青绿亮丽

汤色：碧绿如玉

叶底：青绿亮丽

新林玉露为新创名茶。玉露是蒸青绿茶中最高级的称谓。新林玉露采用高科技充氮保鲜技术，有效解决了茶叶保鲜的难题，使其保鲜期长达2年以上，产品色、香、味始终保持新鲜如初状态。

采摘与制作工序

以信阳高山云雾茶区标准化无公害茶叶示范基地的无污染鲜叶为原料，采用先进的全自动化操作蒸青茶生产线加工，制作工艺独具特色。

选购指导

新林玉露有茶颂、茶雅、茶韵、茶怡、茶情、茶逸六大系列产品。

品质鉴别

从外形上看，新林玉露茶形似松针，干茶色泽墨绿；冲泡后内质香气清悠，汤色碧绿如玉，滋味醇厚、回味甘甜，叶底青绿亮丽。

山东绿茶

炒青绿茶

雪青茶

品质特征

条索：条索紧细，白毫显露

色泽：翠绿或墨绿

汤色：黄绿明亮

香气：香高持久，显板栗香

滋味：鲜爽

叶底：柔软明亮

主要产地

山东省日照市东港区上李家庄茶场

汤色：黄绿明亮

叶底：柔软明亮

雪青茶为新创名茶。1974年冬季，日照市下起了鹅毛大雪，厚厚的雪覆盖了成片的茶林，翌年春冰雪融化，茶树一片葱绿，枝繁叶茂，采其新芽加工成茶，口感独特，取名雪青茶。

采摘与制作工序

4月下旬至5月上旬开采一芽一叶初展的鲜叶。采摘时要做到紫芽叶不采、病虫叶不采、雨水叶不采、露水叶不采。鲜叶采摘后经杀青、搓条、提毫、摊凉、烘干等工序制成。

选购指导

可到山东日照雪青茶场在全国各地所设立的办事处选购，品质有保障。

品质鉴别

从外形上看，干茶条索纤细，茸毫显露，色泽翠绿或墨绿；冲泡后内质香气栗香浓郁，汤色黄绿明亮。

崂山绿茶

山东绿茶

炒青绿茶

主要产地

山东省青岛市崂山区

品质特征

条索：细紧卷曲，白毫显露

色泽：翠绿或墨绿

汤色：黄绿明亮

香气：清雅幽香，有豌豆香

滋味：甘醇爽口

叶底：嫩绿明亮

汤色：黄绿明亮
叶底：嫩绿明亮

崂山绿茶是“南茶北引”的成果。崂山茶场炒制方式有扁形、卷曲、烘青、直条、柱形茶等，其中以扁形、卷曲两种方式最普遍。

采摘与制作工序

春、夏、秋三季采茶。依据档次的高低，一般分单芽、一芽一叶、一芽二叶、一芽三叶、一芽四叶、对夹叶等采摘标准。采摘后经摊放、杀青、揉捻、干燥等工序制成。

选购指导

崂山绿茶从感官指标上可以分为特级、一级 、二级 、三级共4个等级，特级崂山绿茶（春茶）有豌豆香气，且产量有限。

品质鉴别

从外形上看，干茶条索纤细，紧密卷曲，白毫显露，色泽翠绿或墨绿；冲泡后内质香气显豆香，汤色黄绿明亮。

广东绿茶

古劳茶

烘炒型绿茶

品质特征

条索：紧结重实，似圆钩形

色泽：墨绿泛褐

汤色：杏黄明亮

香气：独特的高火香

滋味：醇和回甘

叶底：柔软完整

主要产地

广东省江门市鹤山市古劳镇的丽水及茶山两个管区

汤色：杏黄明亮
叶底：柔软完整

古劳茶为历史名茶，自宋代开始种植。因种植区在当时的古老都，故称古劳茶。

采摘与制作工序

翠岩绿在“春社”（农历二月第一个戊日）前采摘一芽一叶初展的芽叶；龙芽茶与其采制时间相同，但芽叶嫩度稍逊；雪谷茶在秋冬“交寒”时采制；白露茶在白露前后采制；其余各月采制的统称为银针。鲜叶经杀青、揉捻、初炒、做条、摊凉等工序制成。

选购指导

古劳茶包括翠岩（又名社前）、龙芽、雪谷、白露、银针等品类，以丽水石岩头所产的翠岩为最佳。

品质鉴别

从外形上看，古劳茶紧结重实，似圆钩形，干茶色泽墨绿泛褐；冲泡后内质香气显独特的高火香或糖香，汤色杏黄明亮。

合箩茶

广东绿茶

烘炒型绿茶

主要产地

广东省茂名市信宜市金垌镇（原径口镇，现并入金垌）三唛顶茶场

品质特征

条索：条索紧结圆直

色泽：翠绿多毫或灰绿起霜

汤色：黄绿明亮

香气：清香持久

滋味：浓醇爽口

叶底：嫩绿均匀

汤色：黄绿明亮
叶底：嫩绿均匀

合箩茶为历史名茶，创制于清乾隆年间，并被列为贡品。据说，三唛顶山上有一块大石，称为“合箩石”，以其裂缝中生长出的茶树为原料制的茶被称为“合箩茶”。

采摘与制作工序

采摘标准为一芽二叶，要求做到“五不采”，即雨叶、病虫叶、焦边叶、对夹叶、超标准叶均不采。采摘后经晾青、杀青、揉捻、烘干、精选、过筛、分级等工序制成。

选购指导

选购特级合箩茶要选择多毫，滋味鲜爽，带自然花香的茶。

品质鉴别

从外形上看，合箩茶条索紧结圆直，干茶色泽翠绿多毫或灰绿起霜；冲泡后内质香气清高持久，汤色黄绿明亮。

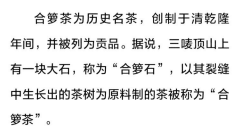

西山茶

广西绿茶

烘炒型绿茶

品质特征

条索：紧结纤细，呈龙卷状

色泽：青黛油润，白毫显露

汤色：黄绿明亮

香气：幽香芬芳，沁人心脾

滋味：醇和鲜爽

叶底：嫩绿明亮，芽叶完整

主要产地

广西壮族自治区桂平市西山一带

汤色：黄绿明亮
叶底：嫩绿明亮

西山茶为历史名茶，创制于明代，清代就被列为全国名茶，选为贡品，以嫩、翠、香、鲜为特色。

采摘与制作工序

采摘季节分春季、夏季、秋季，于2月下旬至3月初开采，一直可采到11月，一年可采20～30批次，一般采一芽一叶、一芽二叶，长度不超过4厘米。采摘后经摊青、杀青、炒揉、炒条、烘培、复烘等工序制成。

选购指导

桂平西山茶分特级、普通级等，以明前茶、雨前茶为最好，著名的品牌有“棋盘石牌”“大藤峡牌”等。

品质鉴别

从外形上看，干茶紧细匀称，锋苗显露，茸毫遍布，色泽青黛（或墨绿）油润；冲泡后内质香气幽香持久，汤色黄绿明亮。

桂林毛尖

广西绿茶

烘青绿茶

主要产地

广西壮族自治区桂林市尧山一带

品质特征

条索：条索紧细，挺秀显锋苗

色泽：翠绿或墨绿，白毫显露

汤色：黄绿明亮

香气：香高持久

滋味：醇和甘爽

叶底：嫩绿明亮

汤色：黄绿明亮

叶底：嫩绿明亮

桂林毛尖为新创名茶，20世纪80年代初由桂林市茶叶研究所研制而成，1985年和1989年两次被评为农业部优质茶，1993年在泰国曼谷举办的1993年中国优质农产品及科技成果设备展览会上获金奖。

采摘与制作工序

一般3月初开采，至清明前后结束。不同等级分开采摘，采摘标准分别为：特级毛尖茶要求一芽一叶新梢初展的鲜叶，一极毛尖茶要求一芽一叶新梢的鲜叶，二极毛尖茶要求一芽一叶至一芽二叶初展新梢的鲜叶。鲜叶采摘后经摊放、杀青（分手工杀青和机械杀青）、揉捻、解块、干燥（分毛火和足火两次进行）、精选与拼配、复香等工序制成。

品质鉴别

从外形上看，桂林毛尖茶条索紧细，挺秀显锋苗，色泽翠绿或墨绿；冲泡后内质香气清高持久，汤色黄绿明亮。

广西绿茶

烘炒型绿茶

象棋云雾

品质特征

条索：紧细微曲

色泽：翠绿油润

汤色：杏黄明亮

香气：香高馥郁，伴有蜜糖花香

滋味：鲜爽回甘，沁人心脾

叶底：嫩绿匀整

主要产地

广西壮族自治区贺州市昭平县境内象棋山一带

汤色：杏黄明亮
叶底：嫩绿匀整

象棋云雾是广西省的特种名茶之一，产于昭平县城西北40余里的文竹乡境内海拔967米的象棋山，茶树主要分布在其700米左右的山坡上。据《昭平县志》记载："象棋山面积极广，地产名茶，味极佳"。

采摘与制作工序

清明前后开采，采摘标准为特级茶一芽一叶初展的鲜叶，一级茶为一芽一叶和一芽二叶初展的鲜叶，二级茶为一芽二叶。采摘后经摊青、杀青、过筛散热、初揉成条、烘干、复揉紧条、滚炒造形、足干等工序制成。

选购指导

象棋云雾分特级、一级、二级、三级。

品质鉴别

从外形上看，象棋云雾茶条索紧细微曲，干茶翠绿油润；冲泡后内质香高馥郁，伴有蜜糖花香，汤色杏黄明亮。

南山白毛茶

广西绿茶

烘炒型绿茶

主要产地

广西壮族自治区横县南山的南山寺及南山主峰一带

品质特征

条索：紧结弯曲，身披茸毫

色泽：银白透绿或墨绿

汤色：黄绿明亮

香气：清高，伴有荷花芳香

滋味：醇厚甘爽

叶底：嫩绿明亮，匀整

汤色：黄绿明亮
叶底：嫩绿匀整

南山白毛茶因茶叶背面披有浓密的白色茸毛而得名。2010年，南山白毛茶被国家质检总局批准列入地理标志产品保护。

采摘与制作工序

春分前5~7天开采，特级茶采一芽一叶初展的鲜叶，一级茶采一芽一叶半展的鲜叶，二级茶采一芽二叶初展至半展的鲜叶，三级茶采一芽二叶全展的鲜叶。采摘后经摊放、杀青、揉捻、毛火初干、足干等工序制成。

选购指导

南山白毛茶分特级、一级、二级、三级。春茶外形墨绿润泽，条索紧结，滋味浓醇甘爽，香气浓，以叶底柔软明亮者为佳品。

品质鉴别

从外形上看，干茶条索紧结弯曲，身披茸毫，色泽银白透绿或墨绿；冲泡后内质香气清高，汤色绿黄明亮。

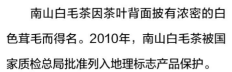

福建绿茶

太姥翠芽

烘青绿茶

品质特征

条索：肥壮全芽，扁平紧直挺秀

色泽：翠绿显毫

汤色：嫩绿明亮

香气：清香持久

滋味：浓醇甘爽

叶底：全芽、匀嫩、肥厚、绿亮

主要产地

福建省宁德市

福鼎市太姥山

汤色：嫩绿明亮
叶底：匀嫩绿亮

太姥翠芽属历史名茶，创制于明代，原名为太姥芽茶、太姥莲心，不仅外形美观，香味更佳，并于2007年被福建省农业厅评为年度优质茶。

采摘与制作工序

一般采摘于3月中旬至4月中旬及9月中、下旬。采摘标准为单芽，不采雨水芽、露水芽和病虫芽。手工炒制经杀青、做形、辉锅、精制等工序而成。

选购指导

福鼎市裕荣香茶业已通过食品质量安全（QS）认证，生产的“裕荣香牌”太姥翠芽品质值得信赖。还有 “品品香牌”等。

品质鉴别

从外形上看，干茶肥壮全芽，扁平紧直挺秀，色泽翠绿；冲泡后内质香气清香持久，滋味甘醇，叶底全芽。

福建绿茶

烘青绿茶

武夷岩绿

主要产地

福建省南平市武夷山市武夷山一带

品质特征

条索：条索肥壮，毫锋显露

色泽：翠绿鲜润

汤色：嫩绿，清澈明亮

香气：清香带豆香

滋味：浓厚鲜爽

叶底：嫩绿柔软，明亮匀整

汤色：嫩绿明亮

叶底：明亮匀整

武夷山产茶历史悠久，宋代文豪范仲淹有诗云：“年年春自东南来，建溪先暖冰微开，西边奇茗冠天下，武夷仙人从古栽。”武夷山独特的丹霞地貌，使武夷岩绿富含活性物质，具有降火和抗癌等功效。

采摘与制作工序

茶叶于清明节前采摘，采摘标准为一芽一叶或一芽二叶的初展鲜嫩叶。经过杀青、揉捻、干燥等工序而成。

选购指导

武夷岩绿以春茶的品质为最佳，干茶色泽翠绿，香气鲜活高长。常见品牌有“京泰牌”等。

品质鉴别

从外形上看，武夷岩绿茶条索肥壮，秀丽有锋苗，白毫显露，干茶色泽翠绿鲜润；冲泡后内质香气清香带豆香，汤色嫩绿明亮。

福建绿茶

竹栏翠芽

炒青绿茶

品质特征

条索：单芽饱满，扁平紧直挺秀

色泽：棕黄隐翠，显白毫

汤色：浅黄明亮

香气：香馥如兰，清新淡雅

滋味：鲜爽甘醇，沁人肺腑

叶底：肥嫩全芽，黄绿匀亮

主要产地

福建省福鼎市竹栏头等地

汤色：浅黄明亮
叶底：肥嫩全芽

竹栏翠芽是新创名茶，是由精选优质品种的福鼎大白茶的单芽制作而成的绿茶。其外形翠玉如针，清新淡雅，冲泡后如翠竹争艳，栩栩如生，香高味醇，沁人肺腑，深受消费者的喜爱。

采摘与制作工序

采摘时间一般在3月下旬至4月初即清明节前，采摘标准为单叶嫩芽。经杀青、揉捻、干燥等传统绿茶加工工序炒制而成，其中最关键的一道工序就是对鲜叶杀青。

选购指导

选购时可以参考福建知名的茶叶电子商务品牌“吾要茶坊”。

品质鉴别

从外形上看，干茶单芽饱满，扁平紧直，白毫显露，色泽棕黄隐翠；冲泡后内质香气香馥如兰，汤色浅黄明亮。

南安石亭绿

福建绿茶

炒青绿茶

主要产地

福建省泉州市南安市丰州乡桃园村等地

品质特征

条索：紧结卷曲，身骨重实

色泽：银灰带绿

汤色：碧绿清澈

香气：芬芳馥郁，有花果香

滋味：浓厚甘鲜，回甘生津

叶底：嫩绿稍暗

汤色：碧绿清澈
叶底：嫩绿稍暗

南安石亭绿是历史名茶，创制于明代，又称石亭茶，以“三绿三香”的品质驰名中外，“三绿”指干茶灰绿、汤色碧绿、叶底嫩绿，“三香”则代表不同采制季节，茶香呈现兰花香、绿豆香、杏仁香3种香味。

采摘与制作工序

每年于3月底至4月初开园，采摘要求春粗夏细，春茶采摘于芽头初展呈“鸡舌状”时，采一芽二叶；夏茶于芽头初展前就采下一芽二叶。制作工序包括轻萎凋、杀青、初揉、复炒、复揉、辉炒、足干等工序，轻萎凋的目的是蒸发水分，从初揉到复揉则是做形的关键工序，辉炒是要达到做色的目的。

品质鉴别

从外形上看，南安石亭绿茶紧结卷曲，身骨重实，干茶色泽银灰带绿；冲泡后内质香气芬芳馥郁，汤色碧绿清澈。

福建绿茶

天山绿茶

烘青绿茶

品质特征

条索：条索壮实，锋苗挺秀

色泽：翠绿或墨绿

汤色：碧绿清澈

香气：鲜爽清雅，似珠兰花香

滋味：醇厚回甘

叶底：肥厚嫩绿

主要产地

福建省宁德市天山山脉一带的蕉成区

汤色：碧绿清澈
叶底：肥厚嫩绿

天山绿茶是历史名茶，创制于元、明时期。曾经于1982年和1986年被评为全国名茶，1995年在中国农业博览会上获得金奖。

采摘与制作工序

天山绿茶因品种不同采用的原料标准也不同，如天山毛峰采摘一芽一叶初展嫩芽，而银毫则采摘一芽二叶初展嫩芽。采摘后经过摊放、杀青、揉捻、烘焙等工序加工制成。

选购指导

“天山绿茶”已被国家工商总局商标局注册了地理标志证明商标，选购时可参考“鞠岭牌”“憩园牌”等品牌。

品质鉴别

从外形上看，干茶条索壮实，锋苗挺秀，茸毫显露，色泽翠绿或墨绿；冲泡后内质香气鲜爽，汤色碧绿。

白沙绿茶

海南绿茶

炒青绿茶

主要产地

海南省白沙黎族自治县境内的白沙农场

品质特征

条索：紧结细直，匀整

色泽：绿润有光

汤色：鲜绿明亮

香气：清高持久

滋味：浓醇鲜爽

叶底：细嫩匀净

白沙绿茶为新创名茶。茶园产地地处南渡江、昌化江、珠碧江“三江”源头，也是海南岛生态核心区，这里气候宜人，雨量充沛，土地肥沃，常年云雾缭绕，是高山云雾茶生长的最佳环境。

辉煌历程

白沙绿茶创制于20世纪60年代，曾多次荣获部省级认可的“中国名牌农产品”“绿色食品”。1998年获“第五届全国食品博览会”金奖，并且国家质量监督总局已于2004年10月29日起对其实施原产地域产品保护，2011年，又被选定为博鳌亚洲论坛年会与“金砖国家”领导人会议唯一专用茶。

茶叶采摘

一年四季均可采茶，在2月初开始采春茶，一直采到11月底至12月初，一年可采30~40批次。采摘标准为一芽一叶或一芽二叶的鲜嫩芽叶，长度不超过6厘米，并且保证同批茶嫩度均匀。

制作工序

鲜叶采摘后经摊放、杀青、揉捻、干燥等工序制成，当天完成。

选购指导

白沙绿茶现已注册商标“白沙牌”，以白沙陨石坑所产的绿茶最为正宗，以清明前采制的春茶品质为最佳。依品质优次，分特级、一级、二级、三级4个级别。

另外，正宗白沙绿茶的包装上生产日期和批号采用喷码，而不少假货的生产日期则采用压码；正品白沙绿茶包装上的“地理标志”在荧光灯照射下呈现“白沙绿茶”字样，“地理标志”上下左右有“防转移刀口”技术；而假冒产品则无。

品质鉴别

◎正品白沙绿茶整体均匀，绿润有光，汤色黄绿明亮，持久耐泡。

◎假冒白沙绿茶杂质较多，茶梗多且粗，叶子较大，冲泡后淡苦无味。

◎特级白沙绿茶品质为上乘，条索紧细卷曲，均匀无杂梗，颜色鲜嫩有光泽，干茶清香馥郁持久，汤色嫩绿，明亮通透，滋味鲜醇，叶底嫩绿鲜活，匀齐明亮。

冲泡方法

白纱绿茶家庭饮用时，采用普通绿茶的简单冲泡方法即可。往玻璃杯中倒入一定茶量（依个人口味习惯而定），注入80~90℃的开水，待3分钟左右便可饮用。

汤色：鲜绿明亮
叶底：细嫩匀净

永川秀芽

重庆绿茶

半烘炒型绿茶

主要产地

重庆市永川区云雾山、阴山、巴岳山、箕山、黄瓜山五大山脉的茶区

品质特征

条索：紧直细秀，芽叶披毫露锋

色泽：翠绿鲜润

汤色：碧绿澄清

香气：馥郁高长

滋味：鲜醇回甘

叶底：嫩黄明亮

永川秀芽为针形绿茶，简称“川秀”，它象征着秀丽幽雅的巴山蜀水，也反映出色翠形秀的名茶特色。永川秀芽有汤清、味醇、叶绿、形秀的品质风格，据化学测定，永川秀芽的氨基酸含量较高，各种茶素的比值也比较恰当。

辉煌历程

永川秀芽由原四川省农业科学院茶叶研究所（现重庆市农业科学院茶叶研究所）于1959年研制生产，1964年经国内著名茶学专家陈椽教授正式命名为“永川秀芽”，其加工工艺于2004年获国家发明专利。

2005年在中国（重庆）国际茶博会上荣获金奖；2012年3月，永川秀芽获得地理标志证明商标。

茶叶采摘

永川秀芽的采摘要求非常严格，鲜叶以“早白尖”、福鼎大白茶等良种为优。于2月中下旬至清明前采摘，采摘标准为一芽一叶，要求芽叶完整、新鲜。

制作工序

鲜叶采摘后经杀青、揉捻、抖水、做条、烘干5道工序精细加工制成。

其中，做条工序是形成永川秀芽紧直细秀外形的关键。做条在锅中进行，锅温为60～70℃，先用手把茶条在锅内理直，然后两手掌心相对，轻轻搓动茶团，期间茶条不断从指缝间落入锅内，这样反复搓动，达八成干时，微升锅温，以提高茶香和显露毫峰。

选购指导

最好不要购买散装的永川秀芽（大多不是正品），而要购买由永川区企业生产、有加工工艺专利包装的（包装上标明了产品名称、生产厂名和厂址等产品信息）正宗的永川秀芽。

目前重庆市有云岭、新胜、又一春、得川、玉琳、永荣、光明、陈相、哥山、益心等茶叶企业获准使用“永川秀芽”品牌（其中“云岭牌”永川秀芽多次获评全国优质农产品、名牌产品），主要产茶地方在茶山竹海办事处、大安镇、何埂镇、永荣镇、三教镇5个乡镇。

冲泡方法

永川秀芽为芽叶细嫩的高级绿茶，宜采用“上投法”冲泡，水温以80～85℃为佳。先在玻璃茶杯中注入约七分满的开水，待水温凉至80℃左右时再投茶，稍后即可品茶。

汤色：碧绿澄清
叶底：嫩黄明亮

主要产地

陕西省安康市紫阳县大巴山北麓

品质特征

条索：紧细匀齐挺直

色泽：绿润显毫

汤色：嫩绿明亮

香气：栗香持久

滋味：鲜爽回甜

叶底：细嫩

紫阳毛尖

陕西绿茶

晒青绿茶

紫阳毛尖为历史名茶，所谓“毛尖”，是指带有白茸茸毫毛的嫩茶尖。紫阳毛尖又名紫阳富硒毛尖，此茶不仅富含硒（含硒量高达5.66～32.06mg/kg），而且含锌量也较高，有栗香浓郁高长、耐冲泡等特质，具有防癌、抗癌、抗氧化、抗衰老等保健作用。

辉煌历程

唐代人们称紫阳毛尖为“茶芽”，为皇家贡品，清代为当时中国十大名茶之一。1989年，紫阳富硒茶开发研究成果通过科学鉴定。2004年正式注册“紫阳富硒茶”证明商标；2005年紫阳富硒茶正式列为“国家地理标志产品”；2008年中国茶叶协会授予紫阳“中国名茶之乡”称号；2009年“春独早”牌紫阳富硒茶荣获陕西省名牌产品称号。

茶叶采摘

紫阳毛尖鲜叶采自紫阳槠叶种和紫阳大叶种。一般在清明前10天左右开采，当茶园中有15%的顶芽达到一芽一叶初展时开采，至谷雨前结束。烘炒型一级采用一芽一叶初展和开展的鲜叶；晾晒型一级要求一芽二叶初展占20%；晾晒型二级要求一芽二叶初展占40%；晾晒型三级要求一芽一叶不低于40%。

制作工序

晾晒型毛尖的传统制作工序是杀青、揉捻、晾晒、复揉提毫、晒干、复制加工。烘炒型毛尖的传统制作工序是杀青、揉捻、炒胚、做形、提毫、足干焙香、精选。

选购指导

紫阳毛尖分一级、二级、三级、四级等级别，以烘炒型毛尖为上品，以紫阳县城关镇、焕古镇所产最为正宗。紫阳茶除紫阳毛尖外，还有紫阳翠峰、紫阳银针、紫阳香毫等品目。

品质鉴别

◎**看外形：**紫阳毛尖茶条索圆紧壮结，略曲，较匀整，干茶颜色呈翠绿色，白毫微显。

◎**品滋味：**紫阳毛尖茶冲泡后，内质香气嫩香持久，入口滋味鲜爽回甘，色、香、味俱全。

冲泡方法

紫阳毛尖茶宜用玻璃杯冲泡，水温以80℃左右为宜，可以采用“上投法”冲泡，冲泡约3分钟后即可品饮。冲泡时，叶片齐齐向上，立于杯中，就好像长在枝丫上一样，茶汤嫩绿清亮，叶底较完整，细嫩。

汤色：嫩绿明亮
叶底：细嫩

午子仙毫

陕西绿茶

烘青绿茶

主要产地

陕西省汉中市西乡县南道教圣地午子山和鸳鸯池一带

品质特征

条索：朵形微扁，形似兰花

色泽：翠绿显毫

汤色：清澈明亮

香气：清香持久，显栗香

滋味：醇厚回甘

叶底：嫩绿匀亮，芽叶成朵

午子仙毫为新创名茶，由西乡县茶技站创制开发，1985年通过技术鉴定。此茶甘洌可口，经久耐泡，于1986年获商业部优质名茶称号；1988年获首届中国食品博览会银奖和陕西省优质名茶称号。

辉煌历程

西乡茶早在唐代就被列为贡品而名噪京师。午子仙毫由西乡县茶技站创制开发，1985年通过技术鉴定，并于1986年获“商业部优质名茶”称号；1991年获中国杭州国际茶文化节“中国文化名茶”奖；2003年，午子绿茶系列产品通过ISO国际质量体系认证，被认定为“有机食品”和“绿色食品”。

茶叶采摘

于清明前至谷雨后10天开始采摘，采摘标准为一芽一叶、一芽二叶的鲜叶，要求长度不超过3厘米。

制作工序

鲜叶采摘后经摊放、杀青、清风揉捻、初干做形、烘焙、拣剔、复火焙香等工序加工制成。

选购指导

汉中市进行了茶叶品牌整合工作，将“午子仙毫”“定军茗眉”“宁强雀舌”“秦巴雾毫”“汉水银梭”等20多个品牌整合为“汉中仙毫”一个品牌，并获得国家地理标志产品保护，购买时请认准防伪标识。如“汉南”牌汉中仙毫品质值得信赖。

品质鉴别

◎**看色泽：**午子仙毫新茶呈嫩绿或墨绿，色泽清新悦目。如果干茶色泽枯暗发褐，则表示茶叶已经发生了氧化，常为陈茶。如果茶叶上有明显的焦点或者泡点，则说明品质差。

◎**看外形：**午子仙毫茶外形匀齐显毫，细秀如眉，形似兰花，色泽翠绿鲜润。如果干茶色泽枯暗，且大小、长短、粗细不均匀，甚至有茶梗，则为下品。

◎**闻香气：**一般午子仙毫茶内质香气清香持久，如果闻到茶有青涩气、粗老气或焦糊气，则为次品或假冒品。

◎**品茶味：**茶汤入口后鲜醇甘爽。而且品质上好的午子仙毫茶汤清明亮，滋味醇厚，爽口回甘，带有持久的板栗香。

冲泡方法

午子仙毫宜用透明玻璃杯冲泡，水温以75～80℃为宜，茶水比例为1：50~1：60，宜用“上投法”，冲泡时间为1~3分钟，一般能够连续冲泡3次。

汤色：清澈明亮
叶底：嫩绿匀亮

定军茗眉

陕西绿茶

半烘炒型绿茶

主要产地

陕西省汉中市勉县

定军山南麓

品质特征

条索：细秀如眉，匀齐显毫

色泽：嫩绿或黄绿

汤色：黄绿明亮

香气：嫩香持久

滋味：鲜醇爽口

叶底：嫩绿匀整

汤色：黄绿明亮

叶底：嫩绿匀整

定军茗眉为新创名茶，由勉县蚕茶技术指导站创制，1990年通过技术鉴定。因其分布在定军山，且形状似少女纤细的眉毛而得名。

采摘与制作工序

清明前后开采，要求长度不超过3厘米，并设专人验收、分级。特级以一芽一叶初展的鲜叶为主，占95%以上；一级以一芽一叶初展或半展的鲜叶为主，约占80%；二级以一芽一叶半展或全展的鲜叶为主，占60%以上。鲜叶采摘后经摊放、杀青、清风、轻揉、二青、做形、烘焙等工序制成。

选购指导

定军茗眉分特级、一级、二级3个级别，注册商标为“定军山”。包装分纸盒和铁盒两种，分别装50克和100克。

第二章

乌龙茶

Wu Long Cha

乌龙茶也称“青茶”，是中国基本茶类之一，属于半发酵茶，目前主要集中产于福建、广东和台湾，浙江、四川、江西等省也有少量生产。乌龙茶介于绿茶和红茶之间，不仅具有绿茶的清香和花香，还具有红茶醇厚的滋味，香气馥郁且浓，味久益醇，汤色黄亮，叶底“绿叶红镶边”，具备典型的高山“韵味”。

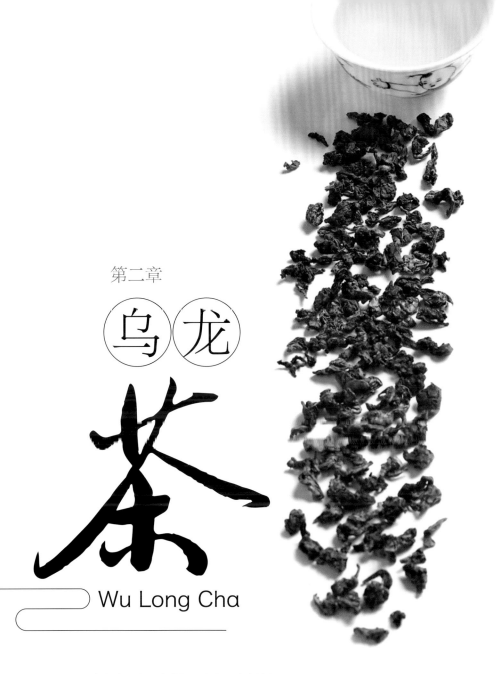

闽北乌龙茶

武夷岩茶

大红袍

主要产地

福建省武夷山的慧苑坑、牛栏坑、大坑口和流香涧、悟源涧等地，称『三坑两涧』

品质特征

条索：条索紧结，匀整壮实

色泽：绿褐鲜润

汤色：橙黄明亮

香气：香气馥郁持久，有岩韵

滋味：甘泽清醇

叶底：软亮，绿叶红镶边

武夷大红袍为历史名茶，是乌龙茶中的极品。大红袍茶树现有6棵，为灌木型，叶质较厚，芽头微微泛红，阳光照射茶树和岩石时，岩光反射，远望通树艳红似火，若红袍披树，故名“大红袍”。6棵母树所产大红袍极少，因此极为珍贵，年产茶七八两，现已禁采。

辉煌历程

大红袍是武夷岩茶四大名丛之首，号称“岩茶之王”，更有“茶中状元”的美誉，堪称国宝，古代即被列为贡茶。

茶叶采摘

春茶采摘于谷雨后（个别早芽种例外）至小满前；夏茶在夏至前；秋茶在立秋后。

制作工序

鲜叶采摘后经晒青、凉青、炒青、摇青、初炒、复炒、初烘、复烘等工序制成。

选购指导

市面上能买到的大红袍分为商品大红袍与纯种大红袍。

纯种大红袍是以6棵大红袍茶树为母本通过有性与无性两种方式繁殖生长而成的；而商品大红袍则是为了解决纯种大红袍有限产量，用少量纯种大红袍与水仙、肉桂等茶拼配后，近似某种口感的拼配商品茶，按照国家标准分为特级、一级、二级共3个等级。

另外，武夷岩茶根据生长条件不同有正岩、半岩、洲茶之分（正岩和半岩都属于武夷山内山）。“三坑两涧”生产的茶叶品质香高味醇，称为正岩茶，品质最佳。半岩茶又称小岩茶，产于三大坑以下海拔低的青狮岩、碧石岩、马头岩、狮子口及九曲溪一带，略逊于正岩。

参考品牌有“武夷星”。

品质鉴别

正宗的大红袍茶通常为八泡左右，超过八泡以上者更优。好的茶有“七泡八泡有余香，九泡十泡余味存”的说法。据业内专家评定，大红袍茶冲至第九次，尚不脱原茶之真味桂花香，而其他名茶，冲至第七次，味就极淡了。

冲泡方法

在家冲泡大红袍茶时，基本方法如下。先烫壶、杯，按茶与水1：20的比例投入茶叶，用100℃沸水冲泡，刮去表面泡沫，加盖后约1分钟，依次巡回将茶汤注入品茗杯中。每多泡一次，盖停时间需增加1分钟，以便可溶物浸出，可连泡八九次。冲泡时可欣赏绿叶红镶边之美感。

汤色：橙黄明亮
叶底：边红中绿

闽北乌龙茶

武夷水仙

武夷岩茶

主要产地

福建省武夷山市武夷山天心岩茶村

品质特征

条索：肥壮较紧结匀整，叶端折皱扭曲

色泽：乌褐油润

汤色：呈琥珀色，清澈

香气：浓郁，具兰花清香

滋味：醇浓、甘爽

叶底：肥软黄亮，绿叶红镶边

武夷水仙为历史名茶，是闽北乌龙茶中两个品种之一。水仙是武夷山茶树品种的一个名称，武夷水仙就是以品种来命名的。武夷山茶区素有“醇不过水仙，香不过肉桂”的说法。水仙茶的最大特点就是茶汤滋味醇厚。

辉煌历程

武夷水仙始于清道光年间（公元1821年）。清光绪年间，武夷水仙的产销量曾达500吨以上，畅销闽、粤、港、澳、东南亚和美国等地。

茶叶采摘

武夷山正岩水仙茶树（生长在牛栏坑）每年只采一次，采摘时间以露水全干为标准。采摘时按“开面采”，即当茶树上新梢伸育至完熟形成驻芽后（顶芽开展时），留下一叶，采三、四叶。

制作工序

鲜叶采摘后经晒青、凉青、做青、炒青、初揉、复炒、复揉、走水焙、簸拣、摊凉、挑剔、复焙、炖火、毛茶、再簸拣、补火等工序制成。

选购指导

水仙茶主要产于武夷山和建瓯。市面上将产于武夷山牛栏坑的称为“正岩水仙”，以示产地纯正；而将产于建瓯市的水仙称为闽北水仙。还有一些水仙称为“老丛水仙”。所谓老丛，是指茶树树龄长，一般在60年以上，有的甚至百年以上。消费者在选购的时候，要特别留心。

品质鉴别

◎正岩水仙茶三四泡韵味最佳，七泡犹觉甘醇，八泡有余味，九泡不失茶真味；外山水仙虽醇但无岩韵，往往三泡以后茶味明显淡薄。

◎闽北水仙条索较紧结匀整，叶端稍扭曲，色泽较油润，间带砂绿蜜黄；正岩水仙条索肥壮、较紧结匀整，叶端折皱扭曲，色泽乌润带宝光色，匀整度、净度好。

◎老丛水仙条索紧卷，叶片较大，色泽乌褐，冲泡后汤色呈琥珀色，油亮清透，老丛韵浓郁，青苔味明显，回甘持久而强劲，叶底叶片大而厚实，韧性很好。

冲泡方法

武夷水仙宜用110毫升的小盖碗冲泡，品茗杯可选用景德镇生产的白色小瓷杯（容水不过30～50毫升），水温以100℃为宜，第一泡的闷茶时间大约20秒到2分钟，之后每一泡要顺延10～30秒钟，可冲12～15泡。

汤色：呈琥珀色
叶底：肥软黄亮

闽北乌龙茶

武夷肉桂

武夷岩茶

主要产地

福建省武夷山的水帘洞、三仰峰、马头岩、天游岩、仙掌岩、碧石、九龙窠等地

品质特征

条索：条索匀整，紧结壮实

色泽：乌褐油亮或蛙皮青

汤色：橙红明亮

香气：具奶油香、花果香、桂皮香

滋味：醇厚回甘

叶底：黄绿，绿叶红边

汤色：橙红明亮
叶底：绿叶红边

武夷肉桂为历史名茶，亦称玉桂，由于它的香气滋味似桂皮香，所以习惯上称“肉桂”，为武夷岩茶中的高香品种。

采摘与制作工序

5月中旬开采，每年可采4次。待新梢伸育成驻芽顶叶中开面时采摘，俗称“开面采”。采摘后经晒青、凉青、做青、炒青、初揉、炒揉、走水焙、摊凉、挑剔、炖火等工序制成。

选购指导

上品武夷肉桂带有花果蜜糖香，滋味醇厚、顺滑，“岩韵”极显（表现为“活”）；好的干茶还常附有一层极细的白霜。

品质鉴别

从外形看，干茶条索紧结壮实，色泽乌褐油亮；冲泡后内质香气具奶油香和花果香，桂皮香明显，汤色橙红明亮。

闽北乌龙茶

铁罗汉

武夷岩茶

品质特征

条索：条索匀整，紧结粗壮

色泽：乌褐，红斑显

汤色：橙红明亮

香气：馥郁持久，略带花香

滋味：浓醇，有岩韵

叶底：软亮微红

主要产地

福建省武夷山市武夷山

汤色：橙红明亮
叶底：软亮微红

铁罗汉为历史名茶，是武夷历史最早的名丛，也是武夷传统四大珍贵名丛之一，并以品种命名其茶名。

采摘与制作工序

于5月中旬开采，每年可采4次，以夏、秋茶产量较高。采摘时须选择晴天采茶，采用“开面采”。鲜叶采摘后经晒青、做青、炒揉、走水焙、簸拣、摊凉、拣剔、复焙、炖火、毛茶、再簸拣、补火而成。

选购指导

上品铁罗汉香气浓烈，滋味醇厚，有明显的“岩韵”特点，饮后齿颊留香，经久不退。

品质鉴别

从外形上看，干茶条索匀整，紧结粗壮，色泽乌褐，红斑显；冲泡后内质香气馥郁，略带花香，汤色橙红明亮。

白鸡冠

闽北乌龙茶

武夷岩茶

主要产地

福建省武夷山慧苑岩火焰峰下外鬼洞和武夷山公祠后山

品质特征

条索：条索卷曲，芽叶薄软

色泽：浅黄褐色

汤色：橙黄，清透明亮

香气：清锐

滋味：醇厚，回甘

叶底：叶张薄软亮，红边显现

汤色：橙黄明亮
叶底：红边显现

白鸡冠是武夷山四大名丛之一。茶树芽叶奇特，叶色淡绿，绿中带白，特别是幼叶薄软如棉，与浓绿老叶形成明显的双色层，其形态就像白锦鸡头上的鸡冠，故名白鸡冠。因产量稀少，所以被蒙上一层“养在深闺人未识”的神秘面纱。

采摘与制作工序

每年5月下旬开始采摘，以一芽二叶或一芽三叶的鲜叶为主。

选购指导

一般的武夷岩茶是深绿褐色或者乌褐色，而白鸡冠则是黄褐色。白鸡冠的茶汤入口清淡，但回韵与回甘很丰富，汤色是透明、亮晶晶的，还没到嘴边就清香扑鼻，连那茶梗嚼起来也有一股香甜味。正因其品质特点鲜明，很难做假，故而非常名贵。

闽北乌龙茶

水金龟

武夷岩茶

品质特征

条索：紧结弯曲，匀整，稍显瘦弱

色泽：褐绿润亮呈『宝光』

汤色：橙红明亮

香气：高爽，似腊梅花香

滋味：醇厚，『岩韵』显

叶底：绿润软亮，红边带朱砂色

主要产地

福建省武夷山牛栏坑杜葛寨峰下的半崖上

汤色：橙红明亮
叶底：红边带朱砂色

水金龟茶扬名于清末，既有铁观音之甘醇，又有绿茶之清香，具鲜活、甘醇、清雅与芳香等特色，为武夷岩茶“四大名丛”之一，产量不多，是茶中珍品。

采摘与制作工序

每年5月中旬采摘，以一芽二叶或一芽三叶的鲜叶为主。鲜叶采摘后经萎凋、凉青、做青、炒青、炒揉、水焙、簸拣、摊凉、拣剔、复焙、再簸拣、补火等工序而成。

选购指导

水金龟的香气是武夷岩茶中比较独特的一种，有梅花香，表现出一种“岩骨花香”的特色，浓饮且不觉苦涩。

品质鉴别

从外形上看，干茶紧结弯曲，匀整，稍显瘦弱，色泽褐绿油润；冲泡后内质香气高爽，汤色清澈艳丽，滋味醇厚，“岩韵”显。

主要产地

福建省武夷山市武夷山麓八角亭、公馆村一带

品质特征

条索：短毛笔状，壮直

色泽：墨绿

汤色：橙黄，清澈明净

香气：乌龙茶香带花香

滋味：醇厚

叶底：粗大油亮

八角亭龙须茶

闽北乌龙茶

特殊造型乌龙茶

汤色：橙黄明净
叶底：粗大油亮

八角亭龙须茶为历史名茶，创制于清代，因形似“龙须”而得名。因其采用了五彩线捆扎成束状，故又名“束茶”，成品既是名茶，又是美观别致的工艺品。

采摘与制作工序

每年谷雨后至立夏前，采摘新梢长达1～1.3厘米的一芽三叶或一芽四叶为原料。制作工序与岩茶类似，主要有萎凋、杀青、揉捻、理条和扎束、烘焙、再干、摊晾回潮、补火、再摊晾回潮、复火、装箱等工序。

选购指导

以武夷街道八角亭村所产为佳。

品质鉴别

从外形上看，干茶呈短毛笔状，壮直，色泽墨绿；冲泡后乌龙茶香中带花香，汤色橙黄，清澈明净，滋味醇厚，叶底粗大油亮。

毛蟹

闽南乌龙茶

颗粒型乌龙茶

品质特征

条索：肥壮紧结，头大尾尖

色泽：褐黄绿，尚鲜润

汤色：青黄明亮或金黄明亮

香气：浓郁鲜锐

滋味：清醇略厚

叶底：黄绿柔软

主要产地

福建省安溪县大坪乡福美村大丘仑

汤色：金黄明亮
叶底：黄绿柔软

毛蟹采用毛蟹鲜叶制成，因其叶片叶缘锯齿明显，深而整齐，尤如毛蟹的外壳而得名。植株为灌木型，中叶类，中芽种。毛蟹茶是安溪乌龙“四大名旦”之一，可制成乌龙茶、红茶、绿茶。

采摘与制作工序

采摘驻芽二叶或三叶。采摘的鲜叶经凉青、晒青、摇青、炒青、揉捻、初烘、包揉、复烘、复包揉、烘干等工序制成。

选购指导

真品毛蟹叶底叶张圆小，中部宽，头尾尖，锯齿深、密、锐，而且向下钩，叶稍薄，主脉稍浮现。

品质鉴别

从外形上看，毛蟹茶肥壮紧结，头大尾尖，色泽褐黄绿相间；冲泡后内质香气浓郁鲜锐，汤色青黄明亮。

安溪铁观音

闽南乌龙茶

半球形乌龙茶

主要产地

福建省泉州市安溪县西坪镇、南崎等地

品质特征

条索：肥壮圆结，如『蜻蜓头』

色泽：砂绿油润，红点鲜艳

汤色：金黄明亮，浓稠

香气：馥郁持久，带兰花香

滋味：醇厚甘鲜，回甘带蜜味

叶底：肥厚软亮，匀整

安溪铁观音为历史名茶，系乌龙茶中珍品，是中国十大名茶之一，兼有红茶之甘醇和绿茶之清香的特点。以其七泡有余香、饮后满口芳香、生津甘醇、回味无穷等特点逐渐被世人所喜爱，并享誉世界。

辉煌历程

安溪铁观音于1723年至1736年创制，新中国成立后，在各次全国名茶品质评比中，安溪铁观音均荣获国家金奖。1984年安溪县被农业部、中国农学会授予“中国乌龙茶之乡”称号。

茶叶采摘

春茶一般于4月底至5月初采制，夏茶于6月下旬采制，暑茶于8月上旬采制，秋茶于10月上旬采制。采用“开面采”的方式，按新梢伸长程度不同又有小开面、中开面、大开面之分，以中开面嫩梢对铁观音品质的形成最为有利。

制作工序

鲜叶采摘后经凉青、晒青、晾青、做青、炒青、揉捻、初焙、复焙、复包揉、文火慢烤、拣簸等工序制成。

选购指导

安溪铁观音以西坪镇尧阳村所产最为正宗，分观音王、一等、二等、三等几个级别。常见品牌有“八马”“华祥苑”“凤山”等。

品质鉴别

◎**观色：**看干茶颜色是否鲜活，春茶颜色应为墨绿，最好有砂绿白霜；冬茶为翠绿，如果茶色灰暗枯黄则为劣品。同时注意是否有红边，有红边表明发酵适度。

◎**闻香：**鼻头贴紧干茶，吸三口气，如果香气持久甚至愈来愈强，说明品质佳；香气不足则说明品质较次；而有青气或杂味者则品质最次。

◎**掂重：**好茶拿在手上掂量会觉得有份量，太重则滋味易苦涩，太轻则滋味显得淡薄。

◎**察色：**冲泡后，品质佳者汤色明亮浓稠，依品种及制法不同，分淡黄、蜜黄到金黄。汤色如果浑浊或者淡薄，则说明品质较次。

冲泡方法

可用陶瓷盖碗冲泡铁观音茶。取适量茶叶置于盖碗中，注入100℃的沸水，用碗盖刮去茶汤上的泡沫，快冲快出。再用沸水冲泡，通常盖上碗盖浸泡15秒钟后即可品饮。

汤色：金黄明亮
叶底：肥厚软亮

黄金桂

闽南乌龙茶

半球形乌龙茶

主要产地

福建省泉州市安溪县虎邱镇罗岩、美庄、双都等村

品质特征

条索：紧结卷曲，细秀匀整

色泽：黄绿油润

汤色：金黄明亮

香气：香高清长，略带桂花香

滋味：清醇鲜爽

叶底：黄绿明亮，柔软

黄金桂为历史名茶，又名黄旦，是乌龙茶中风格有别于铁观音的又一极品，素有“未尝清甘味，先闻透天香”之称。黄金桂有“一早二奇”的特点。一早，是指萌芽早、采制早、上市早；二奇，是指外形“细、匀、黄”，内质“香、奇、鲜”。

辉煌历程

黄金桂创制于清代，与铁观音、本山、毛蟹并列为安溪县四大名茶，1986年被商业部评为部优产品和全国名茶。

茶叶采摘

一年可采4～5季，即春茶、夏茶、暑茶、秋茶、冬茶。

春茶采摘于4月上、中旬，采摘标准为嫩梢顶叶刚开展呈小开面或中开面时，采下2～4叶，太嫩采则香气稍低，太老采则香飘味淡。

制作工序

鲜叶采摘后经凉青、晒青、晾青、摇青、炒青、揉捻、初烘、包揉、复烘、复包揉、烘干等工序制成。其中，摇青宜轻，摇青过重则叶张易变红，影响茶香，而轻摇则易保持青叶的鲜活。不过，四五次摇青时则可加重。

选购指导

黄金桂在产区被称为“清明茶”“透天香”，其中以春茶品质为最好（又以4月中旬采制的黄金桂茶为最好），秋茶次之。

品质鉴别

在茶叶市场上，黄金桂被商家们称为“浓香型铁观音”，而不言明是黄金桂，在品鉴黄金桂时可以从以下几个方面入手：黄金桂最核心的特征是干茶比较轻，色泽呈黄绿色，有光泽。此外，其茶汤金黄透明，鲜爽有回甘，香型优雅，未揭杯盖即香气扑鼻，有“露在其外”之感，俗称“透天香”。

冲泡方法

茶具最好选用宜兴的紫砂壶和景德镇的瓷杯，水最好是纯净水或矿泉水。根据茶壶的容量决定黄金桂的投放量。若黄金桂的条索紧结，茶叶需占到茶壶容积的1/4～1/3；若黄金桂较松散，则需占到茶壶的一半。水温以100℃为宜，第一泡冲泡的时间一般在45秒钟左右，第二次冲泡在60秒钟左右，之后每次冲泡时间稍加数10秒钟即可。

汤色：金黄明亮
叶底：黄绿明亮

闽南乌龙茶

白芽奇兰

半球形乌龙茶

主要产地

福建省漳州市平和县大芹山一带、崎岭乡彭溪村、九峰镇眉山村及新山村等地

品质特征

条索：条索紧结，匀整美观，重实

色泽：青褐油润，稍间蜜黄

汤色：金黄明亮

香气：清高爽悦，带兰花香

滋味：醇爽

叶底：软亮，红绿相映

白芽奇兰为历史名茶，相传清乾隆年间（1736~1795年），在大芹山下的崎岭乡彭溪村“水井”边长出一株奇特的茶树，新萌发出的芽叶呈白绿色。于是采摘其鲜叶制成乌龙茶，结果发现该茶具有奇特的兰花香味，故取名为“白芽奇兰”。

辉煌历程

白芽奇兰创制于清代乾隆年间，是福建省的历史名茶。1997年获得“国家绿色食品证书”和“国际轻工业博览会金奖”；2000年获得“国际茶文化博览会金奖”；2011年获得第二届“觉农杯”中国名茶评比金牌；2012年在第二届中国国际茶业及茶艺博览会活动期间荣获“中国名茶”金奖。

茶叶采摘

白芽奇兰采摘标准为驻芽小开面至中开面三四叶，并要求保持鲜叶的新鲜、匀净、完整。

制作工序

鲜叶采摘后经晾青、晒青、摇青、杀青、揉捻、初烘、初包揉、复烘、复包揉、足干等数十道工序制成。其中，烘焙工序已经成为其独具一格的特殊工艺，一般采用木炭烘焙。

选购指导

白芽奇兰因产地差异，有彭溪白芽奇兰、九峰白芽奇兰等，品质各有特色。彭溪村一带的表现为香气似兰香清幽，滋味醇爽；新山村一带的香气较为显露且带有较浓的花香；大芹山的香气浓郁略显蜜香，滋味甘厚耐泡。由于大芹山一带的自然环境良好，产于大芹山、彭溪岩壑之处的白芽奇兰，均具有特殊的山谷风韵。

知名品牌有“名峰牌”“名峰山牌”“晨晖”等。

品质鉴别

白芽奇兰干嗅能闻到幽香，冲泡后兰花香更为突出，口感顺滑，滋味比较浑厚和醇爽，很接近单丛、武夷岩芽的感觉，口味较重，回甘悠久。即使冷饮上等的白芽奇兰，在吸吐气之间，也能感受到茶水散发出来的幽兰清香。

冲泡方法

白芽奇兰宜用紫砂壶或白瓷盖碗冲泡，水温在100℃左右。一般取[illegible]0克茶叶置于盖碗中，用沸水冲泡，第一道水用来洗茶，第二道水冲泡3分钟左右即可品饮。如果怕涩，建议泡淡点，茶叶与水比例为1：60。

汤色：金黄明亮
叶底：红绿相映

主要产地
福建省泉州市永春县苏坑、玉斗和桂洋等乡镇

品质特征
条索：卷曲圆结，肥壮重实
色泽：乌润砂绿
汤色：金黄明亮
香气：馥郁悠长而近似香橼香
滋味：甘厚鲜醇
叶底：肥厚绿软亮，红边明显

永春佛手

闽南乌龙茶

半球形乌龙茶

永春佛手为历史名茶，相传是将茶树的枝条嫁接在佛手柑上而培植出来的。佛手柑是一种清香诱人的名贵佳果，茶叶以佛手命名，不仅因为它的叶片和佛手柑的叶子极为相似，而且因为制出的干毛茶冲泡后散出犹如佛手柑一样的奇香。

辉煌历程

永春佛手创制于民国时期，解放后，多次荣获中国农业博览会金奖，4次被评为“福建名茶”，并连续5次荣摘全县佛手茶王桂冠，2006年12月28日获得地理标志产品保护。

茶叶采摘

佛手品种有红芽佛手和绿芽佛手两种。春茶采于4月中旬至5月中旬；秋茶采于9月上旬；冬茶采于10月底至11月上旬。采摘标准为驻芽二叶或三叶。采摘时应根据新梢成熟度、芽叶大小、生长部位分批多次采摘，采下成熟度较一致的芽叶，并保证芽叶的新鲜和匀整。

制作工序

鲜叶采摘后经晾青、晒青、凉青、摇青、杀青、揉捻、初烘、包揉、复烘、复包揉、足火等工序制成。

选购指导

永春佛手分为特、一、二、三级等级别，有清香型、浓香型、韵香型3种，以有着“佛手名茶之乡”美誉的苏坑镇所产品质为佳，并以春茶品质为最好，冬茶次之。

品质鉴别

◎**特级永春佛手：**条索壮结重实，色泽乌油润，香气浓郁幽长，滋味醇厚甘爽，汤色金黄、清澈明亮，叶底肥厚软亮、匀整、红边明显。

◎**一级永春佛手：**条索较壮结，色泽尚油润，香气清高，滋味醇厚，汤色金黄清澈、明亮，叶底肥厚软亮、匀整、红边明显。

◎**二级永春佛手：**条索尚壮结，色泽稍带褐色，香气清醇，滋味尚醇厚，汤色尚金黄清澈，叶底尚软亮。

◎**三级永春佛手：**条索稍粗松，色泽为褐色，香气纯正，滋味纯和，汤色橙黄，叶底稍花杂粗硬。

冲泡方法

家庭冲泡永春佛手茶方法比较简单，用紫砂或白瓷器具均可，山泉水最佳，水温为95~100℃。一般情况下，饮用前要经过“温润泡”，也就是洗茶。

汤色：金黄明亮
叶底：绿软亮带红边

本山

闽南乌龙茶

颗粒型乌龙茶

主要产地

福建省泉州市安溪县西坪镇尧阳村

品质特征

条索：壮实沉重，头大尾尖

色泽：鲜润呈香蕉皮色

汤色：金黄明亮

香气：浓郁鲜锐

滋味：清醇略厚

叶底：黄绿柔软

汤色：金黄明亮

叶底：黄绿柔软

本山茶与铁观音为“近亲”，但长势与适应性均比铁观音强，有“观音弟弟”之称，系安溪四大名茶之一。本山茶的香气与铁观音虽然不同，但品质也非常出色，香高味醇，同时还具有乌龙茶耐冲泡的共性。

采摘与制作工序

一般在谷雨前后采摘春茶，秋茶在秋分至寒露采摘。鲜叶采摘后经萎凋、做青、杀青、揉捻、烘干等工序而成。

选购指导

本山茶树制乌龙茶品质优良，香高味醇，品质好的与铁观音相近似。

品质鉴别

从外形上看，本山茶壮实沉重，头大尾尖，色泽鲜润呈香蕉皮色；冲泡后内质香气浓郁鲜锐，汤色金黄明亮，滋味清醇略厚，叶底黄绿柔软。

闽南乌龙茶

梅占

安溪色种

品质特征

条索：壮实，梗肥，节间长

色泽：褐绿稍带暗红色

汤色：淡黄至金黄或橙黄，清澈明亮

香气：浓郁持久

滋味：醇厚，甘香可口

叶底：叶张粗大，红边明显，均匀明净

主要产地

福建省泉州市安溪县西南部的芦田镇

汤色：淡黄明亮
叶底：叶张粗大

梅占茶芽叶生育力强，发芽较密，持嫩性较强，适合制作乌龙茶、绿茶、红茶。制乌龙茶，香味独特，品质好。

采摘与制作工序

梅占茶树一年可采5轮，4月中旬为一芽三叶盛期。制作乌龙茶时应嫩采、重晒、轻摇，以使发酵充分，散发清香味。

选购指导

梅占乌褐中带绿，有光泽，有不太明显的霜，条索紧结弯曲，头泡还带有淡淡的火香，二泡之后火香消失，花香尽显，茶汤顺滑，厚且细腻。

品质鉴别

从外形上看，梅占茶壮实，梗肥，节间长；冲泡后汤色淡黄至金黄或橙黄，滋味醇厚，甘香可口，叶底叶张粗大，红边明显，均匀明净。

凤凰单丛

广东乌龙茶

条形乌龙茶

主要产地

广东省潮州市潮安县凤凰镇凤凰山

品质特征

条索：条索粗壮，匀整挺直

色泽：乌润略带红边，油润有光

汤色：橙黄，清澈明亮

香气：浓郁持久，有天然花香

滋味：浓醇甘爽

叶底：青蒂绿腹红镶边

凤凰单丛为历史名茶，为凤凰水仙种的优异单株，因单株采收，单株制作，故称单丛。其实，凤凰单丛是众多优异单株的总称。凤凰单丛成品茶素有“形美、色翠、香郁、味甘”四绝之称，因茶叶在冲泡时散发出浓郁的天然花香而闻名天下。

辉煌历程

凤凰单丛茶始创于明代，并被列为贡品，清代已入全国名茶之列。2010年8月，成功注册为地理标志集体商标。

茶叶采摘

清明前后采摘春茶，多在晴天下午的2~5点进行采摘，一般采摘一芽二叶或一芽三叶。谷雨至立夏前后采摘迟熟种，有宋种八仙、玉兰香、夜来香等。

制作工序

鲜叶采摘后经晒青、凉青、碰青、杀青、揉捻、干燥等工序制成，每道工序须视不同情况灵活掌握。

选购指导

凤凰山出产的茶都叫凤凰茶，但绝大多数都不是严格意义上的单丛茶。单丛茶的成品茶中每一叶都来自同一棵茶树，因而产量有限，且价格偏高。以凤凰山乌岽峰上（乌岽村）所产的凤凰单丛茶品质为上。

凤凰单丛有多个品系，市面上有黄栀香、芝兰香、玉兰香、黄枝香、杏仁香、肉桂香、蜜兰香、桂花香、通天香（姜母香）等品种，品质各有千秋，可以选购自己喜欢的香型。

品质鉴别

◎**看外形：**凤凰单丛茶挺直肥硕，色泽鳝褐（或灰褐）油润，并略带红边。

◎**品滋味：**单丛茶一棵茶一个味，各有独特的天然香气，重在体验口舌间经久不减的茶味和回甘及品味经过浸泡、充分渗透之后清甜柔滑的茶汤。以二泡、三泡香气为最佳；又以五泡、六泡口感为最好。上品有特殊山韵蜜味的滋味，爽口回甘。

◎**赏叶底：**叶底边缘朱红，叶腹黄亮，素有“绿腹红镶边”之称。

冲泡方法

凤凰单丛茶多为高香型，用盖碗冲泡较好。取干茶10克左右，用100℃的沸水冲泡。用盖子刮去浮上来的泡沫，第一泡为洗茶，不饮用，加水后立即倒掉，第二泡为20秒钟，第三泡为30秒钟，以后随意。因为凤凰单丛茶叶脉硕厚，所以极耐冲泡，如果泡功夫茶，可泡45~50道水。

汤色：橙黄明亮
叶底：绿腹红镶边

岭头单丛

广东乌龙茶

条形乌龙茶

主要产地

广东省潮州市饶平县、潮安县及梅州市等地

品质特征

条索：紧结尚直

色泽：黄褐油润或乌褐油润

汤色：橙红，清澈明亮

香气：清高持久，具有独特的花蜜香

滋味：醇厚鲜爽，回甘力强

叶底：黄绿腹红镶边

岭头单丛为新创名茶，又称白叶单丛，其芽叶色泽黄绿。单丛茶是“单株采制”的特定名称，分凤凰单丛和岭头单丛两个品名。岭头单丛出自凤凰水仙群体品种，其清高悠长的自然花蜜香和醇爽回甘的滋味风格，深受饮者赞誉。

辉煌历程

岭头单丛创制于1961年，1986年5月被商业部评为“全国名茶”；1995年在第二届中国农业博览会上获金奖。

茶叶采摘

岭头单丛茶树具有发芽早、适应性强的品种特性，一年分春、夏（暑）、秋、冬四季茶，采摘期从3月上旬至11月中旬。其中春季是制作高、中档岭头单丛茶的季节，春茶品质也最佳。在顶芽形成对夹后3天采三、四叶梢，适当嫩采。

制作工序

鲜叶采摘后经晒青、做青、杀青、揉捻、初烘和复烘等工序制成。做青是茶品“蜜韵”形成与发展的关键过程。

选购指导

岭头单丛茶以饶平县浮滨镇岭头村（海拔高度在300～600米，属中山）所加工的产品，质量、品质较优，相对于海拔超过800米以上的高山茶区所产的产品，滋味略逊一筹，但香气更佳。总的来说，以中山、高山上所产的岭头单丛茶品质为佳，且“蜜韵”（味无苦涩，浓醇甘爽、蜜甜味的滋润之感）好；以低山、低丘、平地所产的产品为次。

品质鉴别

◎**高档茶：**一般外形条索细紧、色泽黄褐光润、匀净，枝梗少且细小；香气蜜香清高细锐；滋味醇厚鲜爽、蜜韵显、回甘强；汤色橙黄明亮；叶底黄腹红边嫩亮。

◎**中档茶：**一般外形条索紧结稍带扁、色泽黄褐尚润、尚匀净；香气蜜香清纯尚高；滋味浓醇爽口、蜜韵较显、回甘；汤色橙黄较明亮；叶底叶腹黄绿，红边尚匀。

◎**低档茶：**一般外形条索粗紧带扁、向润稍花、欠匀净；香气微蜜香；滋味浓、较醇微蜜；汤色清红；叶底花杂稍粗，红边不匀。

冲泡方法

采用潮州工夫茶泡法，细斟慢啜，能将岭头单丛茶的“蜜韵”显露得淋漓尽致，尽显其风韵。采用白瓷盖碗冲泡法，茶水比例适量，先润茶开香，随即注入沸水，切忌浸泡时间长。

汤色：橙红明亮
叶底：黄绿腹红镶边

凤凰水仙

广东乌龙茶

条形乌龙茶

主要产地

广东省潮州市潮安县凤凰镇凤凰山

品质特征

条索：条索卷曲，紧结肥壮

色泽：青褐乌润，隐镶红边

汤色：清澈黄亮

香气：花香高

滋味：浓厚甘醇，显『山韵』

叶底：青叶红镶边

汤色：清澈黄亮

叶底：青叶红镶边

凤凰水仙种又称广东水仙种，属半乔木型，树姿直立高大或半张开，属大叶种，生长期长，生长迅速，产量高。

采摘与制作工序

凤凰水仙种茶树3月萌芽，一般于4月中旬开采，采摘标准为中开面的驻芽二、三叶。

选购指导

凤凰水仙种根据选用原料优次和制作精细程度的不同，按成品档次依次分为凤凰单丛、凤凰浪菜和凤凰水仙3个品级。在当地更有“低山茶”“中山茶”“高山茶”之分。

品质鉴别

从外形上看，干茶条索卷曲，紧结肥壮，色泽青褐乌润，隐镶红边；冲泡后内质显花香，汤色清澈黄亮，滋味浓厚甘醇，显“山韵”。

广东乌龙茶

石古坪乌龙

条形乌龙茶

品质特征

条索：细紧秀美

色泽：深绿显褐

汤色：橙红明亮

香气：清高悠长

滋味：鲜醇爽滑，有独特『山韵』

叶底：嫩绿，叶缘一线红

主要产地

广东省潮安县凤凰镇大质山西南侧石古坪的畲族村

汤色：橙红明亮
叶底：嫩绿红边

石古坪乌龙是凤凰茶类的又一名茶。茶树品种属灌木型小叶种，树势矮小，分枝密，叶节短，叶柄长；叶色浓绿，叶呈卵圆形或倒卵形，薄而质脆。与其他乌龙茶相比，此茶更具有“三耐”的特点，即耐冲泡，十余泡香气仍不散；耐储藏，一年后色、香、味仍不变；耐烘培，烘培时间长达4小时以上。

采摘与制作工序

茶树萌芽期在3月中下旬，开采期为4月下旬。于晴天上午至下午4时，不采露水茶、雨水茶、黄昏茶，且不同茶山、不同老嫩分别采摘，以保证鲜叶质量。鲜叶采摘后经晒青、凉青、摇青、静置、杀青、揉捻、焙干7道工序制成。

品质鉴别

从外形上看，石古坪乌龙茶细紧秀美，色泽深绿显褐；冲泡后内质香气清高悠长，汤色橙红明亮，叶底嫩绿。

冻顶乌龙

台湾乌龙茶

半球形包种茶

主要产地

台湾南投县鹿谷乡凤凰歧脉冻顶山一带

品质特征

条索：颗粒紧结，卷曲呈半球形

色泽：墨绿油润，边缘隐现金黄色

汤色：蜜黄，澄清，明亮

香气：清香持久，带花香、果香

滋味：浓醇甘爽，高山韵浓

叶底：软亮，绿叶腹红边

冻顶乌龙茶俗称冻顶茶，是台湾著名的半发酵包种茶，因产于冻顶山而得名。冻顶山上的青心乌龙茶树是冻顶乌龙的主要原料，该产地年均气温为22℃，水量丰富，植被茂盛，终年云雾笼罩，非常适合茶树生长，但由于山林陡峭，采摘不易，故产量有限，尤其珍贵。

辉煌历程

冻顶乌龙茶生产历史悠久，其产地冻顶山是台湾著名的历史茶区，最初并没有“冻顶乌龙茶”的称呼，而是统称为“台湾乌龙”。20世纪50年代模仿福建安溪的制茶法，球形冻顶茶品质逐渐提高，名声大增，人们逐渐就用“冻顶乌龙”来称呼，声势甚至超过了文山茶。

茶叶采摘

四季都可采摘，春茶于3月下旬至5月下旬采摘，夏茶于5月下旬至8月下旬采摘，秋茶于8月下旬至9月下旬采摘，冬茶于10月中旬至11月下旬采摘，其中以春茶和冬茶最为突出，采摘标准为一芽二叶或一芽三叶嫩芽。

制作工序

鲜叶采摘后经萎凋、做青、杀青、揉捻、初烘、反复团揉（包揉）、复烘、再焙火而制成。在这个过程中，做青是非常关键的环节，做青过程中会有轻度的发酵。

选购指导

目前，冻顶乌龙已申请“冻顶乌龙茶”产地认证标章，购买时要认清防伪标志，以免购买到假冒产品，可参考“鑫记”品牌。一般以冬茶为最好，春茶次之。

品质鉴别

◎上品冻顶乌龙不同于全球形的铁观音，而是半球形，并且越紧结越好，茶梗与茶叶越干燥越佳，色泽呈鲜艳的墨绿色（颜色较铁观音深、绿，更油润），并带有灰白点，干茶芳香浓烈。

◎上品冻顶乌龙冲泡后汤色为蜜黄，澄清明丽水底光，清香扑鼻飘而不腻，似花香，滋味浓醇甘鲜，高山韵浓，叶底软亮，叶中部分呈淡绿色。

冲泡方法

冲泡冻顶乌龙宜选择陶器、瓷器，玻璃器具次之，纯净水为佳。投茶前先温壶，茶叶量达到器具的1/3左右，然后注入沸水，第一泡洗茶快冲快出，第二泡半分钟后可出汤，之后依次延长出汤时间。

汤色：蜜黄明亮
叶底：绿叶腹红边

东方美人茶

台湾乌龙茶

条片状乌龙茶

主要产地

台湾新竹县的峨眉、北埔地区和苗栗县的头尾、头份、三湾一带

品质特征

条索：芽叶肥大，白毫显露

色泽：白、绿、黄、红、褐五色相间

汤色：橙红明亮，呈琥珀色

香气：熟果香和蜂蜜香

滋味：甘甜醇厚

叶底：红亮透明

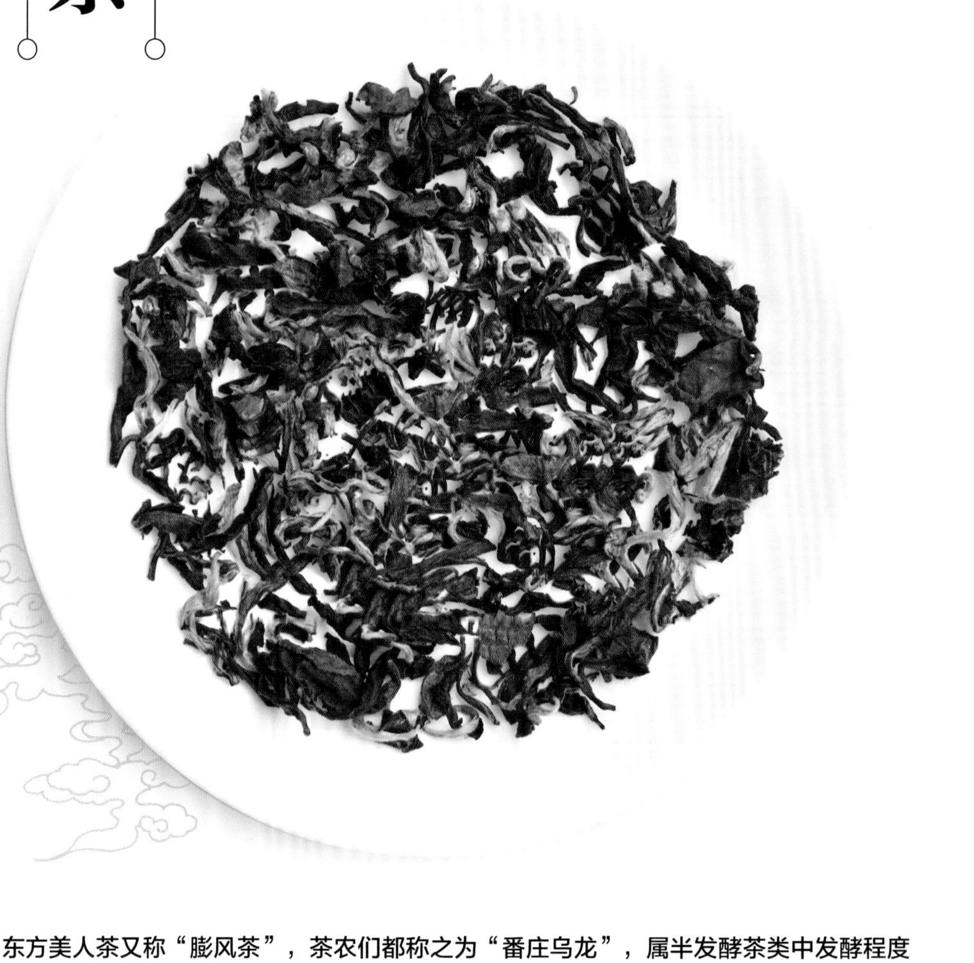

东方美人茶又称“膨风茶”，茶农们都称之为“番庄乌龙”，属半发酵茶类中发酵程度最深的一种茶，因其茶芽白毫显著，故又被称为“白毫乌龙茶”。相传百年前，膨风茶传到英国王室，深受女王的喜爱，于是赐名为“东方美人茶”。

辉煌历程

东方美人茶的原称“膨风”是台湾俚语“吹牛”之意。相传，百年前有一茶农的茶园受到虫害，为了减低损失拿劣茶去售卖反而大受欢迎，回乡后提及此事，被大家认为吹牛，从此“膨风茶”便不胫而走。如今，东方美人茶已经成为台湾的独特名茶，深受各界欢迎。

茶叶采摘

东方美人茶的特别之处就在于鲜叶采摘，每年于6～7月采摘，采摘标准为一芽二叶。

在采摘过程中，最重要的一点就是鲜叶必须被小绿叶蝉咬伤过。小绿叶蝉非常小，只会吮吸茶叶的水分和养分，同时引起茶树自身应激反应的次生代谢产物可转化为具有蜂蜜香的特殊物质，令茶品身价大涨。

制作工序

经过萎凋、摊放、炒茶、揉捻、干燥、包装等几道工序而成。不过，台湾的海风大，湿气重，故炒制、加工须更加用心，这样才能消除海风味，展现台湾乌龙茶的独特风味。

选购指导

北埔和峨眉两地所产的东方美人茶品质较佳，选购时注意辨别“北埔膨风茶产地证明标章”和“峨眉东方美人茶团体标章”。

品质鉴别

◎东方美人茶是自然生态茶，没有农药，天然的蜜香味是其一大特色，茶芽肥大，色泽鲜艳，五色俱全。

◎冲泡后的东方美人茶甘润香醇，叶底完整，口齿留香，且耐冲泡。

冲泡方法

冲泡前先热壶、热杯，之后投入五分满的茶叶，注入适量80~90℃的沸水。因为东方美人茶是纯天然的有机茶，所以第一泡即可饮用。也有人喜欢用冰喝的方法冲泡，别有一番风味。另外，如果茶中加入鲜奶，茶的蜂蜜芳香与奶香融合，就成了蜂蜜奶茶，甜而不腻；或者加入少量白兰地酒，味道会更美，似香槟。

汤色：呈琥珀色
叶底：红亮透明

文山包种茶

台湾乌龙茶

条形包种茶

主要产地

台湾台北市文山区及新北市坪林区、石碇区、深坑区、新店区、双溪区一带

品质特征

条索：条索紧结匀整，叶尖自然弯曲

色泽：乌褐或深绿，带有青蛙皮般的灰白点

汤色：橙红明亮

香气：幽雅清香，似兰花香

滋味：甘醇有花香味

叶底：红褐油亮或青绿红边

文山包种茶为历史名茶，以“香、浓、醇、韵、美”五大特色而闻名于世。据说是清代一个叫王义程的茶商所创制，成茶后用方形纸包成四方形，故名“四方包”，又因产于文山地区，故名为“文山包种茶”。

辉煌历程

文山包种为历史名茶，是台湾历史较久的三大名茶之一。台湾素有“北包种、南乌龙（冻顶乌龙）”的说法。

茶叶采摘

采制分春、夏、秋、冬四季，3月中旬至5月下旬为春茶，5月下旬至8月中旬为夏茶，8月中旬至10月下旬为秋茶，10月下旬至11月中旬为冬茶，其中春茶和冬茶品质最佳，采摘标准为一芽二叶或一芽三叶。

制作工序

鲜叶采摘后经日光萎凋（或室内加温）、室内萎凋（静置和搅拌）、炒青、揉捻、干燥、焙火等工序而成。

选购指导

目前台湾已经通过文山包种茶“认证标章”制度，规定文山各个产区的茶叶经质量检验后才能取得产地认证标志，避免山寨茶影响市场，所以购买时要认准产地标志。

品质鉴别

◎优质文山包种茶看起来颜色比较鲜活，不掺杂，幼枝心芽连理，带有青蛙皮般的灰白点，条索紧结，并呈自然弯状，干茶有如素兰花香。

◎好的文山包种茶茶汤颜色明亮而不混浊，呈金黄色或蜜绿鲜艳，闻起来没有草青味，而是清幽的花果香中带有似兰花的甜香，即使是茶汤冷却后，香气依然存在。

◎上品文山包种茶冲泡后叶底叶片完整，枝叶连理；次品叶底断裂有碎叶，色泽暗。

冲泡方法

冲泡文山包种茶可以选用白瓷器具，首先用沸水温壶热杯，然后置茶，茶叶大约是茶具的六分满，依个人口味酌减；其次是注水，水温约90℃，第一泡茶汤不留，第二泡才开始饮用，冲泡时间为1分钟左右，等到第3泡时，时间延长20秒钟，之后逐次延长时间，大约可连续冲泡4～5次，且仍有香味。

汤色：橙红明亮
叶底：红褐油亮

台湾乌龙茶

球形包种茶

木栅铁观音

主要产地

台湾台北市文山区的木栅茶园，茶园分布在狮脚、内外樟户、待老坑及阿泉坑一带

品质特征

条索：颗粒紧结，卷曲成球

色泽：绿褐起霜

汤色：金橙黄亮，清澈明亮

香气：香高持久，有花果香

滋味：醇厚爽口，微涩中带甘甜

叶底：叶片完整，浅绿边红

木栅铁观音为历史名茶，属半发酵的乌龙茶，是乌龙茶类中的极品。木栅铁观音在制作工艺中经过长时间炭火烘焙，火香和茶香相结合，形成了独特的韵味，称为“观音韵”或“官韵”。

辉煌历程

木栅铁观音茶是清光绪年间（1875~1908年）茶师张乃妙将福建安溪纯种铁观音茶种引进台北木栅樟湖山区（今指南里）后创制的一种乌龙茶。如今，位于指南里的木栅茶园不仅是台湾铁观音专业区，也是台北市第一座观光茶园。

茶叶采摘

每年可采4~5次，以春茶与冬茶品质为最优。采用“开面采”的方式，即叶片已全部展开，形成驻芽时采摘。

采摘木栅铁观音茶还要考虑天气因素，有太阳的晴天最好，上午十时至下午二时为最佳采摘时间。

制作工序

鲜叶按标准采收进厂后经过凉青、晒青、做青（摇青与摊置相间进行），然后经过炒青、揉捻、烘焙，最后慢烤后的茶叶经过簸拣，除去梗片、杂质即为成品。

选购指导

木栅铁观音茶的春茶和冬茶品质较佳，尤以春茶品质为最佳，价格相对较高，常见品牌有“中和牌”等。

品质鉴别

◎炭焙是木栅铁观音的最大特质，经三揉三焙后，表皮柔亮，粒粒如豆，掷入杯中，会发出玻璃器皿碰撞的叮叮声。

◎优质的木栅铁观音干茶，闻起来有浓香，冲泡后芳香甘醇，并有纯和的弱果酸味，且回韵无穷。泡开后的叶底边缘有细小的红色，叶中心部位呈浅绿色，叶片匀整柔软，梗叶相连。

◎上品木栅铁观音茶冲泡后的汤色呈鲜明金黄橙色，杯底澄清明亮。次级品的[illegible]

冲泡方法

冲泡木栅铁观音最好选用底部空间大的圆形紫砂壶，投茶量宜少不宜多。第一泡要用沸水，且第一泡残留的茶汤一定要倒干净，以免茶碱的释放影响茶的甘甜，第二泡之后的水温可逐渐减低，80~90℃即可。

汤色：橙黄明亮
叶底：浅绿边红

主要产地

台湾嘉义市竹崎乡阿里山区阿里山公路沿道的石棹茶区

品质特征

条索：颗粒紧结，呈半球形

色泽：砂绿油润

汤色：蜜绿透黄，澄清明亮

香气：浓郁清鲜

滋味：醇厚爽口

叶底：绿腹微红边

阿里山珠露茶

台湾乌龙茶

半球形包种茶

阿里山珠露茶是台湾十大名茶之一，是台湾高山茶的代表性茶叶。其产地石棹茶区位于海拔1200～1600米的山坡地，毗邻玉山国家公园，背靠玉山，西南则是辽阔的嘉南平原，又有曾文溪和八掌溪两大溪流经过，可谓是人间仙境，所产的茶叶更是色香味美。

辉煌历程

阿里山实际上并不是一座山，只是特定范围的统称，这里既是著名的风景区，也是著名的产茶区。阿里山区的石棹茶区从20世纪70年代开始引进青心乌龙品种，乌龙茶的产量不断增加，名气也大大提升，1987年8月28日被正式命名为“阿里山珠露茶”。

茶叶采摘

阿里山珠露茶的采摘时间和次数与海拔有关，一般分4～5次采摘，分别为春茶、夏茶、秋茶和冬茶，采摘标准为一芽二叶的嫩芽。

制作工序

阿里山珠露茶的焙制方法独特，几乎是纯手工制作，采摘的鲜叶要及时进行发酵、做青，然后揉捻、初烘、包揉，整个过程不能间断，大约需要两天一夜的制作才可形成毛茶，之后再进行复烘等精制工序即可成茶。

选购指导

可参考嘉义市林园制茶厂生产的阿里山珠露茶，此茶厂已有20多年的产茶历史了。

品质鉴别

◎优质阿里山珠露茶具有高山茶的特性，从外形看呈半球状、紧结，比较坚硬，没有黏稠感，外形重实，掷地有声，颜色砂绿有光泽。

◎冲泡后的阿里山珠露茶汤色澄清，少碎末杂质，入口即有一种高山茶所特有的浓郁香气，满口留香，花香明显，回韵无穷，且叶底为绿色。

冲泡方法

阿里山珠露茶宜选择紫砂壶冲泡，杯具可选择白瓷，泡茶前先用沸水温壶热杯，然后投入适量茶叶，用95℃的沸水冲泡，沸水最好是沸腾至缘边如涌泉连珠，即“二沸”为佳。第一泡注水要均匀淋在茶叶上，水量不要太多，让茶叶受热即可，淋完后立刻倒出，这样可使紧结的干茶张开，所出的茶汤味更佳。第二泡开始饮用，冲泡时间为1~2分钟，之后依次酌减。

汤色：蜜绿透黄
叶底：绿腹微红边

松柏长青茶

台湾乌龙茶

半球形包种茶

主要产地

台湾南投县名间乡松柏岭一带，位于台湾中部、八卦山脉的最南端

品质特征

条索：条索紧结，呈半球状

色泽：墨绿油润

汤色：黄绿清澈

香气：清香持久

滋味：醇和回甘

叶底：柔软显绿

松柏长青茶是台湾半发酵的乌龙茶，原名叫“埔中茶”“松柏坑茶”，1975年被正式命名为“松柏长青茶”。目前，松柏长青茶在中国茶市场中占有重要的地位。

辉煌历程

松柏长青茶的产地松柏茶区是台湾产茶历史悠久的茶区，是台湾目前单一乡镇茶树栽种面积最广的茶区，当地几乎99%的人家都种茶，其中松柏长青茶更是主角，产量约占台湾地区茶产量的40%~60%。松柏长青茶为台湾十大名茶之一，20世纪末，当地茶文化协会就以其赴日本参加国际茶品展，并推广乌龙茶的饮用特色和冲泡方法等。

茶叶采摘

每年清明前至谷雨后为春茶采摘期，当茶树上的芽叶生长至一芽五六叶时，即可采摘。采摘标准为一芽三叶或一芽四叶，要求芽叶长短一致，大小均匀，做到不夹带老枝叶、鱼叶和鳞片。

制作工序

采用乌龙茶的一般制作方法，现在大多是采用机械制作，经过日光萎凋（晒青）、室内萎凋、发酵、炒青、揉捻（做形）、烘干等工序而成，其中揉捻是非常重要的环节。要用大方巾把茶包裹起来做成一个个茶球，然后再揉捻茶球，称为“团揉”，这样做能使干茶的外形更加紧结。

选购指导

松柏长青茶已经进入机械化栽培、采摘和制造，质量均一，品质整齐，容易识假。

品质鉴别

◎优质松柏长青茶具有“三绿”特点，即干茶绿、汤色绿、叶底绿，干茶外形紧结，有韧性。

◎冲泡后的茶叶像水中绽放的花蕾，汤色明亮见底，香气持久、清新，回甘明显，叶底柔软、有光泽。

冲泡方法

冲泡松柏长青茶可选择紫砂壶和白瓷杯，投茶量大约是壶的1/3，依个人喜好而定，水温大约为95℃，冲泡时间为1分钟左右，时间长短也可依照个人的口味来定。

汤色：黄绿清澈
叶底：柔软显绿

台湾高山茶

台湾乌龙茶

半球形乌龙茶

主要产地

台湾五大山脉，即中央山脉、玉山山脉、阿里山山脉、雪山山脉、海岸山山脉

品质特征

条索：紧结重实，呈半球形

色泽：砂绿，有光泽

汤色：蜜绿清澈

香气：清香优雅

滋味：甘醇鲜美

叶底：绿底微红边

汤色：蜜绿清澈

叶底：绿底微红边

台湾高山茶是新创名茶，是台湾本土的特色茶，因产区不同，茶品质也有差异，具体包括福寿长春茶、武陵茶、胜峰茶等优质茶。

采摘与制作工序

因环境有所差异，所以采摘次数和时间也不相同，主要采摘青心乌龙茶品种的鲜叶为原料。制作工艺经日光萎凋、室内静置及搅拌、炒青、揉捻、初烘、包揉、复烘等工序而成。

选购指导

台湾优质高山茶包装上已经建立了追溯系统，购买时可以通过标签上的追溯码知道产品的来源及生产过程。

品质鉴别

从外形上看，台湾高山茶紧结重实，呈半球形，色泽砂绿油润；冲泡后内质香气清香优雅，汤色蜜绿清澈。

杉林溪乌龙茶

台湾乌龙茶

半球形包种茶

品质特征

条索：匀整紧结，成半球形粒状

色泽：墨绿有光泽

汤色：蜜绿透明

香气：清香淡雅，有天然果香

滋味：浓醇鲜美

叶底：绿底微红边

主要产地

台湾南投县竹山镇大鞍里溪头森林游乐区之上的杉林溪

汤色：蜜绿透明
叶底：绿底微红边

杉林溪乌龙茶是新创名茶，大约于1985年左右由竹山镇鹿谷乡长林义雄等人培植而成，后来因为其产地接近杉林溪乐区，便取名为杉林溪乌龙茶。

采摘与制作工序

因环境不同，所以采摘时间要根据实际情况而变，采摘标准为一芽二叶的鲜叶。采摘后经日光萎凋、凉青、杀青、揉捻、初烘（低温）、包揉、复烘等工序而成。

选购指导

杉林溪高山茶有冷香（香气受热不变），滋味甘醇浓厚带活性，这是其一大特色。

品质鉴别

从外形上看，干茶匀整紧结，成半球形粒状，色泽墨绿油亮；冲泡后内质香气淡雅，有天然果香，汤色蜜绿透明。

金萱乌龙

台湾乌龙茶

半球形乌龙茶

主要产地

台湾南投县竹山镇

品质特征

条索：圆整紧结，呈半球状

色泽：砂绿或墨绿

汤色：蜜黄明亮

香气：淡雅，有奶香

滋味：浓醇爽口

叶底：绿底微红边

汤色：蜜黄明亮
叶底：绿底微红边

金萱乌龙为新创名茶。金萱是20世纪80年代改良培育的新品种，也是现今台湾茶的特色之一，人们习惯称之为“台茶12号”。该茶因为具有独特的奶香味，故又名“奶香金萱”。

采摘与制作工序

原料选自金萱茶品种，采摘标准为一芽二叶或一芽三叶或小开面对夹叶。鲜叶采摘后经日光萎凋、室内萎凋及做青、杀青、揉捻、初烘、包揉、复烘等工序制作而成。

选购指导

常见品牌有“君喜牌”“七缘香牌”“吴裕泰”等。

品质鉴别

从外形上看，金萱乌龙茶圆整紧结，色泽砂绿或墨绿；冲泡后内质香气淡雅，有奶香，汤色蜜黄明亮。

第三章

红茶

Hong Cha

红茶属于全发酵茶，是目前世界上消费量最大的茶类，最初起源于我国福建武夷山一带的小种红茶，以后演变产生了工夫红茶和红碎茶。目前红茶产区主要集中在福建、安徽、云南、四川、湖北、湖南、江西等省，河南、浙江、广东、广西、贵州等省也有生产。红茶具有红汤红叶、香高甜、味鲜浓的品质特征，其性温和，富含的儿茶素、茶红素等多酚类化合物具有多种保健功效。

正山小种

小种红茶

条形红茶

主要产地

福建省武夷山市星村镇自然保护区核心地带的桐木关地区

品质特征

条索：紧结匀整，条索肥壮，不带芽毫

色泽：乌黑带褐，较油润

汤色：红艳明亮

香气：芳香浓烈，带有松烟香

滋味：醇厚回甘，有桂圆汤味

叶底：肥厚红亮

正山小种是一种古老的红茶，以其独特的松香味深得海内外消费者的喜爱。其最初的产地是在武夷山市星村镇桐木村，故又称“桐木关小种”，后因市面上流传了很多假冒的小种红茶，所以当地人为了区别假冒品，取名为“正山”，意指正宗。

辉煌历程

正山小种属小种红茶，小种红茶正式从武夷岩茶演变为红茶大约始于清朝道光咸丰年间，至今已有150多年的历史。据资料记载，17世纪中期，葡萄牙公主凯瑟琳便是带着中国的正山小种嫁到英国王室的，并且每天起床后都要喝上一杯正山小种。时至今日，这款红茶仍深受英国皇族的喜爱。

茶叶采摘

正山小种主要产于高寒山区，茶树的品种无法经受低温和长期霜冻，且茶树萌芽晚，所以开采期通常是在立夏之后。新鲜叶片的采摘要求新萌出的梢芽达到一定的成熟度，取开面采（顶芽形成驻芽），采二叶或三叶为最优。

制作工序

采摘后经过萎凋、揉捻、发酵、锅炒、复揉、熏焙、筛分拣剔、复焙匀堆等工序制作而成。其中，比较重要的是熏焙，让茶叶吸收松柴的烟熏味，形成独特的松烟香。

选购指导

武夷山市桐木关所生产的正山小种的品质最佳，其中以正山茶叶有限公司出品的“元正牌”为代表，茶叶质量有保证。

品质鉴别

◎优质正山小种外形粗壮圆直，色泽乌黑油润，一些外山小种虽形似正山小种，但比较轻薄，颜色稍浅，呈褐色。

◎正山小种的汤色红艳浓厚，似桂圆汤，加入牛奶后形成的奶茶颜色更为绚丽，而非正宗的正山小种汤色则稍淡。

◎真品正山小种品尝起来有桂圆汤蜜枣味，干茶闻起来有松烟香，随着存放时间的延长，香味更加浓郁，且带有淡淡的果香。

冲泡方法

在冲泡前应该将茶壶、盖碗等器具以热水烫过。然后用90～100℃的水冲泡。一般3克正山小种搭配150毫升的水，2～3分钟即可出汤，高档正山小种30秒钟左右即可出头汤。冲泡时间要把握好，过久则生苦涩味，太短则无法冲泡出茶的香甜。

汤色：红艳明亮
叶底：肥厚红亮

小种红茶

金骏眉

小种工夫红茶

主要产地

福建省武夷山市武夷山国家级自然保护区内海拔1200～1800米的高山地区

品质特征

条索：细紧，隽茂，重实，稍弯曲

色泽：金、黄、黑相间，色润

汤色：橙红明亮，有金圈

香气：似果、蜜、花等综合香型

滋味：鲜活干爽，高山韵显

叶底：芽尖鲜亮，呈古铜色

金骏眉是正山小种茶的顶级品种。金，代表等级；骏，通“峻”，既表明茶树生长于崇山峻岭中，又寄愿其能如骏马奔腾般推广；眉，形容外形，说明金骏眉的外形像眉毛。金骏眉只是沿袭了部分正山小种传统的制作方法进行制作的。

辉煌历程

金骏眉首创于2005年，由福建武夷山正山茶业研发，在制作工艺上的极高要求令其显得弥足珍贵，由最初一斤（500克）市场售价3600元升至2012年的10 000多元，创造了一个从无到有茶叶新品崛起的奇迹。

茶叶采摘

清明前采摘武夷山原生态小种野茶树的茶芽，主要采集芽尖部分。每500克金骏眉约需6～8万颗芽尖。

制作工序

采摘后的芽尖按照芽叶的鲜嫩分类管理，做到“三不”——不发热、不红变、不损伤。然后经过萎凋、揉捻、发酵、烘干等工艺，达到茶叶的初制。金骏眉在制作工序上，与传统正山小种工艺相比不同之处在于除了在萎凋过程中有小部分的烟熏之外，并没经过用松枝烟熏的过程。

选购指导

目前“金骏眉”商标已被注册成自然商标，企业只有在提交申请后，得到授权，才可使用“金骏眉”的商标，所以，消费者如果是通过正规渠道购买的金骏眉，质量应该都有保证。主要品牌有“骏德”“正山堂”。

品质鉴别

◎上品金骏眉条索紧秀，隽茂，重实，乌黑之中透着金黄；开汤汤色为橙红、清澈有金圈、高山韵味持久；叶底呈古铜色；次品则汤色红、浊、暗，叶底红褐。

◎正宗金骏眉闻起来有蜜糖香，茶汤有悠悠甜香，夹杂着花果味，口感清甜顺滑。

◎上品金骏眉一般能够连泡12次，而且口感仍然饱满甘甜，香气仍存。如果是次品，则冲泡几次后就香味无存了。

冲泡方法

泡茶器具宜选择瓷质盖碗或紫砂壶，由于芽叶原料较为幼嫩，在冲泡过程中水温尽量保持在90℃左右。第一泡为润茶，即冲即倒。第二泡浸泡时间大约10秒钟即可出汤；之后几泡依次稍微延长时间，一般冲十泡左右后，滋味尚甘甜。

汤色：橙红明亮
叶底：呈古铜色

祁门红茶

工夫红茶

条形工夫红茶

主要产地

安徽省黄山市祁门县的贵溪、黄家岭、石迹源等地

品质特征

条索：条索紧细匀齐，略带弯曲

色泽：乌润，显金毫

汤色：红艳明亮

香气：鲜浓馥郁或清鲜持久

滋味：醇和鲜爽

叶底：红亮，柔嫩，匀齐

祁门红茶简称“祁红”，是历史名茶，唐代时已负盛名，其香气独树一帜，茶叶品质优良，是红茶中的一枝奇葩，被国外赞为“祁门香”。祁门县是红茶产量最多、质量最好的茶区。

辉煌历程

祁门红茶是世界三大高香茶之一，创制于1875年，历史悠久，享誉全球，19世纪中叶，英国是祁红的主要销售市场，英国人曾把它誉为“茶中英豪”“群芳最”“王子茶”等。在1915年的巴拿马万国博览会上，祁门红茶荣获金质奖章，后来又多次获得国家级金质奖章。

茶叶采摘

祁红鲜叶采摘标准比较严格，特级茶以一芽一叶为主，不同等级的茶分一芽二、三叶及不同嫩度的对夹叶，不同等级茶的一芽二叶所占比重不同。要求分批勤采，春茶采摘6～7批，夏茶采摘6批，秋茶少采或不采。

制作工序

祁门红茶属于工夫红茶，制作工艺复杂，技术性很强，分初制和精制两个阶段。初制是以萎凋、揉捻、发酵、烘干4道工序为主，烘干后必须经过精制后才能成为商品出口，精制的主要工序包括毛筛、切断、风选、拣挑、补火、拼堆成色、包装等。

选购指导

安徽国润茶业是中国最大的祁门红茶生产商，其生产的“润思”祁红品质较佳。另外还有“天方”等茶叶品牌。

品质鉴别

◎上品祁门红茶条索紧细，色泽乌润，有金黄芽毫显露，汤色红艳透明，叶底柔嫩多芽，鲜红明亮。有些非正宗的祁门红茶叶片形状不齐，个别添加色素的假茶颜色比正品更亮。

◎祁门红茶有“祁门”香，因火功的不同，有的呈砂糖香或苹果香，有的具有甜花香，并带有蕴藏的兰花香。

冲泡方法

◎**简单泡法：**一般选用紫砂、景瓷茶具，茶叶和水的比例为1∶50，冲泡的水温为95～100℃。冲泡2～3分钟即可倒入小杯中，先闻茶香，再品茶味。

◎**功夫泡法：**冲泡之前要先烫杯热罐，投入茶叶之后还要进行润茶，润过茶后才开始第一泡，然后是鲤鱼跃龙门、游山玩水、喜闻幽香的赏茶过程，最后才能品啜甘茗，方能探知茶味。

汤色：红艳明亮
叶底：红亮嫩匀

工夫红茶

坦洋工夫

条形红茶

主要产地

福建省宁德市福安市社口镇坦洋村及寿宁、周宁、霞浦、柘荣等县

品质特征

条索：条索紧结秀丽，略显金黄毫

色泽：乌润

汤色：红艳明亮

香气：高锐持久

滋味：醇厚甘甜

叶底：红亮

坦洋工夫为历史名茶，相传是清同治年间由当时福安县坦洋村胡福四所创制，后来运往海外，颇受欢迎。坦洋工夫的诞生地坦洋村坐落于海拔1200米的白云山下，气候温和，雨量充沛，山水环绕，构成了得天独厚的茶树生长环境，为坦洋茶优良品质的形成奠定了基础。

辉煌历程

坦洋工夫红茶创制于清同治年间，是福建三大工夫红茶之一。坦洋工夫在清代就已经畅销海外，据记载，自光绪七年至二十六年（1881~1900年），平均年出口茶叶万余担（约500余吨）。目前，每年出口俄罗斯、西欧等国家和地区的量就达到1000多吨。

茶叶采摘

采摘坦洋工夫于每年的4月上旬开始，采摘标准为一芽二叶或一芽三叶。

制作工序

先让采摘回来的鲜叶挥发掉一部分水分，然后经过萎凋、揉捻、发酵、干燥等几道工序而成。在制作的过程中，要想保证茶叶的品质，一定要注意鲜叶采用分等级付制，发酵要适度，毛火高温快速均匀烘焙，萎凋、揉捻要适当，要透要紧，以求滋味高爽，香气浓厚。

选购指导

福安当地品牌质量及口碑比较好的当属满堂红茶业（福建）有限公司生产的满堂红牌水丹清坦洋工夫和天品坦洋工夫及福建坦洋工夫集团股份有限公司生产的坦洋工夫。

品质鉴别

◎优质坦洋工夫茶的外形细长匀整，带金毫，色泽乌黑有光，内质香味清鲜甜和，汤色鲜艳，金圈明显，叶底红匀光滑，是色香味中的佳品。

◎福建西北高山茶区（包括福安、寿宁、周宁）所产的工夫茶，香气清高，滋味浓醇，条索较为肥壮，较耐冲泡；而东南临海丘陵茶区（霞浦一带）所产工夫茶条形秀丽，含金毫，滋味鲜爽醇厚，叶底红亮。

冲泡方法

如果是高档坦洋工夫红茶可用白瓷茶具冲泡，便于观茶色。冲泡前要进行热杯热壶，避免热水倒入冰冷的茶壶、茶杯中不利于茶香的挥发。茶量和水量的比例为1：60~1：40（一般为3克茶搭配150毫升水），水温90℃左右，冲泡时间大约3分钟。

汤色：红艳明亮
叶底：红亮

政和工夫

工夫红茶

条形红茶

主要产地

福建省南平市政和县岭腰乡锦屏村及佛子山景区、洞宫山一带

品质特征

条索：条索肥壮，紧实匀直

色泽：乌黑油润，毫芽显金黄

汤色：红艳明亮

香气：浓郁，似紫罗兰芳香

滋味：醇厚鲜爽

叶底：红匀鲜亮

政和工夫红茶为历史名茶，是福建三大工夫红茶中最具高山茶品质的条形茶，距今已有150多年的历史。主要产区政和县属亚热带季风湿润气候，气候温和，降水丰富，东部为鹫峰山脉，西部为中低山地和丘陵，山岭重叠，丘陵起伏，非常适合茶树生长。

辉煌历程

政和工夫红茶创制于19世纪中叶，因香高、鲜甜、醇厚、茶韵十足而风靡一时，远销英、法、俄国家及中东地区和欧洲。如今，政和工夫获得国家地理标志产品证明商标后，又于2010年获得“中国驰名商标”的称号。

茶叶采摘

政和工夫红茶以政和大白茶树鲜叶为原料，取一芽一叶或一芽二叶的优秀品种，芽壮毫多，滋味浓；又配以小叶种群体中具有花香特色的鲜叶，形成了香味极佳的工夫红茶，深受国内外消费者的喜爱。

制作工序

采摘后的鲜叶经萎凋、揉捻、发酵、干燥等工序制成。萎凋程度宜稍重，揉捻掌握轻→重→轻的加压原则。因为成品茶是以政和大白茶品种为主体，同时适当拼配由小叶种茶树群体中选制的具有浓郁花香特色的工夫红茶，所以在精制中，这两种半成品茶必须经过筛选、分级，分别加工成型，然后根据一定的质量标准按比例搭配成工夫茶。

选购指导

目前政和工夫商标已经成为中国的驰名商标，所以选购时要认准商标，以福建政和瑞茗茶业有限公司出产的“政和工夫”红茶品质为佳。

品质鉴别

◎正品政和工夫红茶外部形态匀称，条索紧实肥壮，没有碎末，表面乌润有光泽，并且芽毫中显露出金黄色，香气鲜浓，甜香显，颇有紫罗兰芳香之气；如果干茶表面杂色发暗则品质为劣。

◎汤色红艳明亮者为优，汤色浑而暗者为次；叶底红匀鲜亮为优，短碎暗红者为次。

◎低档红茶茶芽少，条形松而轻，色泽乌而稍枯，缺少光泽，无金毫。

冲泡方法

家庭冲泡方法很简单，用茶壶或者品茗杯均可，冲泡之前先热杯，然后倒入约5克的干茶，沸水冷却30秒钟后即可冲泡，冲泡时间以3分钟为宜，也可根据个人口感调整时间。

汤色：红艳明亮
叶底：红匀鲜亮

九曲红梅

工夫红茶

条形红茶

主要产地

浙江省杭州市西湖区双浦镇湖埠、上堡、大岭、张余、冯家、灵山、社井、仁桥、上阳、下阳一带

品质特征

条索：条索细紧而秀丽，弯曲如鱼钩

色泽：乌润，略显金毫

汤色：红艳明亮

香气：清如红梅

滋味：醇厚爽口

叶底：红明嫩软

九曲红梅又称“九曲红”“九曲乌龙”“龙井红”，是西湖区历史名茶之一。九曲红梅原产于福建武夷山的九曲，后来福建地区的农民北迁，其中一部分落户于杭州市大坞山一带的农民为了谋生便开始制红茶，又因此茶汤色红似红梅，故取名为“九曲红梅”。

辉煌历程

九曲红梅距今已有200多年的历史，早在1886年，就获得巴拿马国际食品博览会“金奖”；1929年被列为“全国十大名茶”之一，素有浙江名茶“万绿丛中一点红”的美誉。九曲红梅于2000年获得了注册商标，2004年、2008年先后获中国蒙顶山杯名茶博览会金奖和中国（国际）名茶博览会金奖。

茶叶采摘

采摘于每年的清明至谷雨期间，在清晨露干后采摘一芽一叶或一芽二叶的鲜嫩芽叶。

制作工序

采摘后的嫩芽叶经过萎凋、揉捻、发酵、烘焙、干燥等多道工序制成。近两年又出现了创新制法，即重萎凋及日光萎凋跟轻发酵之间的配合，这令九曲红梅的滋味更加特别。

选购指导

九曲红梅以湖埠大坞山所产品质居上；上堡、大岭、张余一带所产称“湖埠货”，品质居中；社井、仁桥、上阳、下阳一带所产称“三桥货”，品质居下。主要品牌有“福海堂”等。

品质鉴别

◎优质九曲红梅外形细紧弯曲如鱼钩，色泽乌润，特别细嫩的芽叶披有金毫，闪闪发光。如果是次品，则条索粗松，色泽枯暗。

◎弘一法师曰：“白玉杯中玛瑙色，红唇舌底梅花香”，这是真品九曲红梅金汤最有力的佐证。高品质的九曲红梅往往都呈现出“红汤金圈”，杯中的芽叶似水中红梅，煞是好看。

◎“清香馥似红梅、入口润滑甘饴”是九曲红梅的品质特色，其香高味爽、有独特的梅花香味，特别适宜于追求高雅、善于品茶的高端人群品饮。

冲泡方法

九曲红梅宜用紫砂或白瓷茶具冲泡，水温大约为95℃，冲泡时间大约3分钟。一般情况下，九曲红梅要进行洗茶才开始饮用，可多次泡饮。另外，也可以在茶汤里加入少许柠檬片、冰糖、鲜牛奶等，增加口感。

汤色：红艳明亮
叶底：红明嫩软

白琳工夫

工夫红茶

条形红茶

主要产地

福建省宁德市福鼎市白琳镇太姥山一带

品质特征

条索：条索细长弯曲，紧结纤秀

色泽：黑黄，披有橙黄白毫

汤色：艳丽红亮

香气：鲜爽愉快，毫香沁心

滋味：清鲜甜和

叶底：鲜红带黄

汤色：艳丽红亮
叶底：鲜红带黄

白琳工夫为历史名茶，创制于19世纪50年代，鉴于产地在福鼎市白琳镇而得名，为福建三大工夫红茶之一。

采摘与制作工序

白琳工夫十分讲究鲜叶原料的采摘，以福鼎大白茶与福鼎大毫茶品种为主，采摘一芽一叶或一芽二叶，必须早采、嫩采。鲜叶制作经适度萎凋、轻重揉结合、筛分、发酵、双重烘焙，力求保持茶叶的鲜爽特质。

选购指导

目前，市面上销售的优质白琳工夫品牌有“天毫牌”“元泰牌”“张元记牌”“品品香”及“榕鼎红”等。

品质鉴别

从外形上看，干茶条索细长弯曲，紧结纤秀，色泽黑黄，披橙黄白毫；冲泡后内质香气鲜爽愉快，毫香沁心，汤色艳丽红亮。

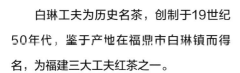

工夫红茶

条形红茶

越红工夫

品质特征

条索：条索紧细挺直，锋苗显

色泽：乌润

汤色：红亮较浅

香气：纯正，有淡淡的香草味

滋味：甜醇

叶底：暗红，叶张较薄

主要产地

浙江省绍兴市绍兴县、诸暨市、嵊州市等地

汤色：红亮较浅
叶底：暗红

越红工夫是浙江省的历史名茶，民国时期就开始生产，初制茶称为“越毛红”，20世纪50年代到80年代生产最盛，一度远销海外，声名远播。

采摘与制作工序

采摘标准为一芽一叶或一芽二叶的鲜叶。鲜叶采摘后经过萎凋、揉捻、发酵、干燥4道工序而成，揉捻时要掌握好力度和次数，保证高成条率，发酵时要把握好温度、湿度、通气条件及摊叶厚度等。

选购指导

“元泰牌”“玉龙牌”等越红工夫品质有保证，可作为选购参考。

品质鉴别

从外形上看，干茶条索紧细挺直，锋苗显，色泽乌润；冲泡后内质香气纯正，有淡香草味，汤色红亮较浅。

工夫红茶

条形红茶

宜兴红茶

主要产地

江苏省宜兴市茗岭山一带

品质特征

条索：条索紧细匀齐

色泽：乌润

汤色：红艳鲜亮

香气：隐显玉兰花香

滋味：甘甜鲜爽，无苦涩味

叶底：红亮柔软

汤色：红艳鲜亮
叶底：红亮柔软

因在秦汉时，宜兴名为“阳羡”，故宜兴红茶又名“阳羡红茶”。外界称宜兴红茶为“苏红”，多是当地野生的，产量极少。

采摘与制作工序

每年仅早春单季采制，采摘一芽一叶或一芽二叶的细嫩芽叶，精品嫩叶选用最好的芽苞或一芽一叶初展的鲜叶。采摘后经过萎凋、揉捻（包括筛分、复揉）、发酵、干燥等初制工序和精制工序加工而成。

选购指导

常见品牌有“灵谷牌”“良生牌”“茂花牌”等。

品质鉴别

从外形上看，宜兴红茶条索紧细匀齐，色泽乌润；冲泡后内质香气隐显玉兰花香，汤色红艳鲜亮，叶底红亮柔软。

宁红工夫

工夫红茶

条形红茶

品质特征

条索：条索紧结，锋苗挺秀

色泽：乌黑油润，金毫显露，略显红筋

汤色：红亮或红艳

香气：香高持久似祁红

滋味：醇厚甜和

叶底：红嫩多芽或红匀

主要产地

江西省九江市修水县、武宁县及宜春市铜鼓县

汤色：红艳

叶底：红嫩多芽

宁红工夫是我国最早的工夫红茶之一，迄今为止已有1000多年的历史。目前，宁红品牌下的“宁红金毫”“宁红百年红”“龙须茶”等品种享誉国际。

采摘与制作工序

清明前后采摘一芽一叶或一芽二叶的嫩芽叶。经过萎凋、揉捻、发酵、干燥等初制法制成红毛茶，然后经过筛分、抖节、风选、拣剔、复火等精致工序制作成成品宁红。

选购指导

宁红工夫茶中“宁红金毫”品质最佳，汤色红艳，叶底红嫩多芽。

品质鉴别

从外形上看，宁红功夫茶条索紧结，锋苗挺秀，色泽乌黑油润，金毫显露，略显红筋；冲泡后内质香高似祁红，汤色红亮或红艳。

川红工夫

工夫红茶

条形红茶

主要产地

四川省宜宾市宜宾县、高县、珙县等地

品质特征

条索：条索肥壮圆紧，金毫披身

色泽：乌黑油润

汤色：红浓明亮

香气：清鲜，带有橘糖香

滋味：醇厚鲜爽

叶底：厚软红匀

汤色：红浓明亮

叶底：厚软红匀

川红工夫是20世纪50年代兴起的工夫红茶，虽然历史不长，但是畅销国际市场，成为我国后起之秀的高品质工夫红茶之一，目前已走向国际化道路。

采摘与制作工序

宜宾地区所产的川红工夫每年3月份左右就可以采摘，4月就先于其他红茶更早占领市场，采摘标准以一芽二叶或一芽三叶为主，注重芽叶的鲜嫩度。制作工序为传统工夫红茶的制作工序，包括萎凋、揉捻、发酵、干燥和精制等。

选购指导

川红工夫以宜宾所产最为正宗。

品质鉴别

从外形上看，川红工夫茶条索肥壮圆紧，金毫披身，色泽乌黑油润；冲泡后内质香气清鲜，汤色浓亮。

工夫红茶

条形红茶

滇红工夫

品质特征

条索：紧结肥壮

色泽：乌润金毫显露

汤色：红浓明亮，有金圈

香气：嫩香浓郁，带焦糖味

滋味：甘醇鲜爽

叶底：柔嫩，红匀明亮

主要产地

云南省凤庆、勐海、临沧、双江、云县、昌宁等地

汤色：红浓明亮
叶底：红匀明亮

滇红工夫为历史名茶，创制于1939年，产于滇西南，是我国工夫红茶的新葩，主要出口东欧、西欧及北美30多个国家和地区，深受国际市场的欢迎。

采摘与制作工序

滇红工夫以大叶种茶树的鲜叶为原料，采摘期为每年的3~11月中旬，分春茶、夏茶、秋茶，以一芽二叶为主。鲜叶采摘后经过萎凋、轻揉、发酵、毛火、足火、冷却等工序制成毛茶，然后再经过筛分、割末而成。

选购指导

以云南省凤庆茶厂生产的“凤牌”滇红茶品质为佳。

品质鉴别

从外形上看，滇红工夫茶紧结肥壮，色泽乌润金毫显露；冲泡后内质香气嫩香浓郁，带焦糖味，汤色红浓透明。

英德红茶

工夫红茶

条形红茶

主要产地

广东省英德市境内

品质特征

条索：紧结，金毫显露

色泽：乌黑油润

汤色：红浓明亮

香气：浓郁纯正

滋味：醇厚甜润

叶底：柔软红亮

汤色：红浓明亮
叶底：柔软红亮

英德红茶是新创名茶，于1959年由广东英德茶厂创制，故简称“英红”。英德市北部高山林立，南部丘陵起伏，境内多喀斯特地貌，土壤湿润，适合茶树生长。

采摘与制作工序

以云南大叶种和凤凰水仙茶为原料，每年3～4月份采摘一芽二叶或一芽三叶嫩叶。鲜叶经过萎凋、揉捻、发酵、毛火、足火等工艺而成，并遵循偏轻萎凋、重揉切块、适度发酵和快速烘干的工艺原则（由罗溥铼教授提出），保证红茶的浓、强、鲜。

选购指导

以英德金毫茶品质为佳。

品质鉴别

从外形上看，英德红茶条索圆紧，金毫显露，色泽乌黑油润；冲泡后内质香气浓郁纯正，汤色红浓明亮。

工夫红茶

日月潭红茶

条形红茶

品质特征

条索：紧结，粗壮

色泽：墨黑紫泛光

汤色：金红鲜明

香气：甜香浓郁

滋味：浓醇鲜爽

叶底：红艳明亮

主要产地

台湾南投县埔里镇及鱼池乡一带

汤色：金红鲜明
叶底：红艳明亮

日月潭红茶为历史名茶，100多年前是以当地小叶种为原料，后来引进了印度阿萨姆品种栽种，并制作出了高品质红茶，鉴于产地在名胜日月潭附近，故命名为“日月潭红茶”。

采摘与制作工序

采摘标准为一芽二叶或一芽三叶，分春、夏、秋茶。采用传统制法，采摘后的鲜叶经萎凋、揉捻、发酵、干燥（毛火和足火）等多道工序制成。

选购指导

日月潭红茶除条形的工夫红茶外，还有碎形红茶。

品质鉴别

从外形上看，日月潭红茶条索紧结，粗壮，色泽墨黑紫泛光；冲泡后内质香气甜香浓郁，汤色金红鲜明，滋味浓醇鲜爽。

海红工夫

工夫红茶

条形红茶

主要产地

海南省五指山和尖峰岭一带的茶场

品质特征

条索：粗壮紧结

色泽：乌黑油润，显金毫

汤色：红亮

香气：香高持久，具蜜兰香味

滋味：浓强鲜爽，富刺激性

叶底：红匀

汤色：红亮
叶底：红匀

海南的产茶历史非常悠久，据考证，海南大叶种最初就是由云南西南部和四川西南部的大叶茶向南迁移，最后逐渐演变而来的。1959年，国家在海南建立了建什、白马岭、岭头3个国营茶场后不断地发展壮大，形成多种多样的不同形式的红茶。

采摘与制作工序

原料选自海南大叶种，采摘标准为一芽二叶或一芽三叶初展的鲜叶。采摘后经萎凋、揉捻、发酵、干燥等典型工艺过程精制而成。

选购指导

高档海红工夫乌黑有油光，茶条上金色毫毛较多，香气甜香浓郁。

品质鉴别

从外形上看，海红工夫条索粗壮紧结，色泽乌黑，显金毫；冲泡后内质香高持久，具蜜兰香味，汤色红亮。

工夫红茶

遵义红茶

条形红茶

品质特征

条索：紧细秀丽

色泽：乌润，金毫特显

汤色：橙红亮丽

香气：纯正悠长，带果香

滋味：甜嫩鲜爽

叶底：匀嫩，鲜红带黄

主要产地

贵州省遵义市湄潭县等地

汤色：橙红亮丽
叶底：匀嫩鲜红

遵义红茶为新创名茶，产地遵义市是典型的少日照、低纬度的高海拔地区，属亚热带季风湿润气候，这种环境为红茶的香高味浓创造了优秀之源。

采摘与制作工序

主要选用优良的小乔木型茶树品种。于清明前采摘，采摘标准为单芽或一芽一叶的鲜叶。采用传统红茶的制作工艺，经过摊凉、萎凋、揉捻、发酵和干燥等工序加工而成。

选购指导

知名品牌有湄潭盛兴茶业的“遵义红牌”和百道茶业的“百道红牌”等。

品质鉴别

从外形上看，遵义红茶紧细秀丽，金毫特显，色泽褐黄；冲泡后内质香气纯正幽长，带果香，汤色橙红亮丽，叶底匀嫩，鲜红带黄。

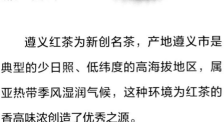

工夫红茶

宜红工夫

条形红茶

主要产地

湖北省鄂西山区的宜昌市、恩施市

品质特征

条索：紧细秀丽

色泽：乌黑显金毫

汤色：红艳明亮，稍冷即有明显的『冷后浑』现象

香气：清鲜纯正

滋味：醇厚鲜爽

叶底：红亮柔软

汤色：红艳明亮
叶底：红亮柔软

宜红工夫红茶距今已有百年的历史了，在清代时已经名声大噪，远销海外。尤其是在宜昌被列为对外通商口岸之后，宜红工夫的出口量迅速增加，畅销俄罗斯、西欧等众多国家和地区。

采摘与制作工序

于每年的清明前后至谷雨前开园采摘，现采现制，采摘标准以一芽一叶或一芽二叶为主。制作分初制和精制两大工序，初制包括萎凋、揉捻、发酵、烘干等工序，使芽叶由绿色变成紫铜；精制工序则将毛茶经毛筛、抖筛、分筛、紧门、撩筛、切断、风选、拣剔、整形、审评提选、分级归堆、补火、清风、拼和、装箱等工序制成。

品质鉴别

从外形上看，宜红工夫茶条索紧细，色泽乌黑显金毫；冲泡后内质香气纯正，汤色红艳明亮。

工夫红茶

条形红茶

湘红工夫

品质特征

条索：紧结肥实，锋苗显露

色泽：乌润显金毫

汤色：红亮

香气：香气高长带自然花香

滋味：醇厚爽口

叶底：红稍暗

主要产地

湖南省安化、石门、桃源、涟源、邵阳、平江、浏阳等县市

汤色：红亮
叶底：红稍暗

安化茶厂是一座具有70余年悠久历史的老茶厂，是湖南红茶的发源地。湘红工夫虽以安化工夫为代表，但湘西石门、慈利、桑植等县市也是湘红工夫的主产区。

采摘与制作工序

于每年的清明至谷雨开园采摘，现采现制，以保持鲜叶的有效成分，采摘标准以一芽一叶或一芽二叶为主。主要包括毛茶烘焙、筛分、手拣、复拣、复烘、拼堆、装箱包装等几道工序，并已经实现了全程机械化作业。

选购指导

常见品牌有“元泰牌”等。

品质鉴别

从外形上看，干茶条索紧结，显锋苗，色泽乌润显金毫；冲泡后内质香气高长带自然花香，汤色红浓尚亮，叶底红稍暗。

工夫红茶

黔红工夫

条形红茶

主要产地

贵州省遵义市湄潭、羊艾、花贡、广顺、双流等茶场

品质特征

条索：紧结，肥壮匀整

色泽：乌黑油润，金毫显露

汤色：红艳明亮

香气：清高，带有浓厚的蜜糖香

滋味：甜醇鲜爽

叶底：匀嫩红亮

汤色：红艳明亮
叶底：匀嫩红亮

黔红工夫是中国红茶的后起之秀，发源于湄潭县，于20世纪50年代开始兴盛，其原料来自茶场的大叶型品种、中叶型品种和地方群体品种。虽然目前黔红茶中以红碎茶的市场份额为最大，但是，黔红工夫仍然占据重要地位。

采摘与制作工序

高档茶主要以采摘一芽一叶或一芽二叶的同等嫩度的鲜叶为主。鲜叶采摘后经萎凋、揉捻、发酵、干燥（烘干）等工序制成。

选购指导

常见品牌主要有“兰馨牌”“元泰牌”等。

品质鉴别

从外形上看，干茶条索紧结，肥壮匀整，色泽乌黑油润，金毫显露；冲泡后内质香气清高，带有浓厚的蜜糖香。

工夫红茶

条形红茶

汇珍金毫

品质特征

条索：肥硕

色泽：乌褐油润，金毫特显

汤色：红艳明亮，偏浓

香气：浓郁高长

滋味：醇厚鲜爽

叶底：嫩匀红亮

主要产地

广西壮族自治区百色市凌云县沙里瑶族乡

汤色：红艳明亮
叶底：嫩匀红亮

汇珍金毫是新创名茶，20世纪90年代末由广西汇珍农业有限公司研制而成。产地广西凌云县古时被称为“泗城”，有四条河流纵横交错，四周群山高耸，气候温和，降水丰富，适宜茶树生长。

采摘与制作工序

茶原料来自于凌云县白毛茶品种茶树，采摘标准为一芽一叶初展开来的鲜叶。采摘后的鲜叶经过萎凋、揉捻、发酵、烘干等传统红茶的几道加工工序制作而成。

选购指导

常见品牌有“浪伏牌”“叶凌春牌”等。

品质鉴别

从外形上看，汇珍金毫条索肥硕，金毫特显，色泽乌褐油润；冲泡后内质香气浓郁高长，汤色红艳明亮，偏浓。

信阳红

工夫红茶

条形红茶

主要产地

河南省信阳市境内

品质特征

条索：紧细

色泽：乌棕显金毫

汤色：红亮清澈

香气：甜香持久

滋味：醇厚甘爽，绵甜厚重

叶底：匀嫩红亮

汤色：红亮清澈
叶底：嫩匀红亮

信阳红茶是以信阳毛尖绿茶为原料，经复杂工序加工而成的一种茶叶新品，它的开发和生产是信阳市茶叶生产领域中的一次重大科技创新。

采摘与制作工序

一般以一芽二叶或一芽三叶为主，特级以上以一芽一叶或全芽为主。鲜叶一共要经过12道工序，前6道初制工序依次是通风、萎凋、揉捻、解块、发酵和烘干，后6道是精制工序，为抖筛、砌茶、平面圆筛、风选、拼堆、提香。

选购指导

信阳红常见品牌有“龙潭牌”“文新牌”等。

品质鉴别

从外形上看，信阳红茶条索紧细，色泽乌棕显金毫；冲泡后内质香气甜香持久，汤色红亮清澈，滋味醇厚甘爽。

凌云红茶

工夫红茶

条形红茶

品质特征

条索：肥硕紧结

色泽：乌褐栗红，金毫初显

汤色：红艳明亮

香气：馥郁持久，蜜香、桂花香、糯米香若隐若现

滋味：甘鲜醇厚

叶底：柔软，紫褐色

主要产地

广西壮族自治区百色市凌云县

汤色：红艳明亮
叶底：呈紫褐色

凌云红茶是新创制的名茶，著名的绿茶凌云白毫也是产于凌云县，后来为了迎合市场的需求，又研发出了凌云红茶，远销欧洲，大受好评。

采摘与制作工序

该茶采摘标准严格，特级以上茶的鲜叶以一芽一叶或全芽为主，普通标准为一芽二叶或一芽三叶的鲜叶。采摘后的鲜叶经过萎凋、揉捻、发酵、毛火、烘干等传统红条茶的几道加工工序制作而成。

选购指导

选购时可参考广西凌云浪伏茶业有限公司生产的“浪伏牌”红茶。

品质鉴别

从外形上看，干茶条索肥硕紧结，显金毫，色泽乌褐栗红；冲泡后内质香气馥郁，汤色红艳明亮。

红碎茶五号

CTC红碎茶

主要产地

云南省西双版纳傣族自治州大渡岗茶场

品质特征

条索：颗粒状，匀齐重实

色泽：棕红油润

汤色：红艳

香气：鲜浓持久

滋味：鲜浓甘爽

叶底：红匀柔软

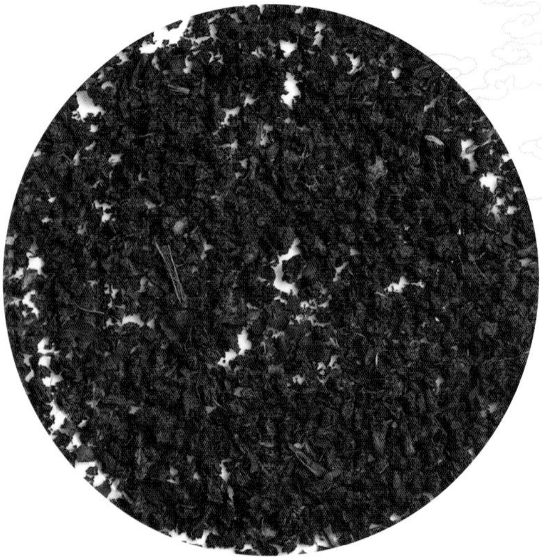

汤色：红艳

叶底：红匀柔软

红碎茶五号是新创名茶，于20世纪80年代后期由云南省西双版纳大渡江茶场引进CTC（压碎、撕裂、揉卷）茶机创制而成。曾经在1999年中国茶叶学会第3届“中茶杯”全国名茶评比中荣获特等奖。

采摘与制作工序

原料为云南大叶种茶树，采摘标准为一芽二叶或一芽三叶初展嫩芽或同等嫩度的单片叶及对夹叶等。鲜叶采摘后经过萎凋、转干机（Rotorvane）揉切、发酵、流化床烘干、筛分、拼配匀堆、复火、撩头、割末等工序而成。

选购指导

常见品牌有“凤牌”等。

品质鉴别

从外形上看，干茶呈颗粒状，匀齐重实，色泽棕红油润；冲泡后内质香气鲜浓持久，汤色红艳，滋味鲜浓甘爽。

第四章

黑茶

Hei Cha

黑茶是中国特有的茶类，属于后发酵茶，具有悠久的生产历史，目前以云南、湖南、湖北、四川、广西等省出品居多。黑茶的品类较多，品质不一，但其原料却是大同小异，主要是采用比较成熟的绿毛茶，制作上采用渥堆发酵工艺，故成型的黑茶色泽黑褐，汤色红浓明亮，似琥珀，具有独特的陈香，叶底呈铜褐色。

湖南黑茶

黑毛茶

条形黑茶

主要产地

湖南省安化、汉寿、宁乡、沅江、桃江等地

品质特征

条索：粗卷，叶片阔大

色泽：黑褐油润

汤色：红褐

香气：有火候香、松烟香

滋味：醇厚

叶底：乌褐叶大

汤色：红褐
叶底：乌褐叶大

黑毛茶始于16世纪末期，原产于安化地区，后来产区扩大到宁乡、汉寿等地，至清光绪年间达到了鼎盛，年产14～15万担（约7～7.5吨）。如今，湖南著名的紧压茶黑砖茶、茯砖茶、花砖茶、湘尖茶等皆是以它为原料制作而成的。

采摘与制作工序

等级越高采摘时间越早。4月下旬就可以采摘一芽二叶至一芽三叶初展的鲜叶。采摘后经杀青、初揉、渥堆、复揉、干燥等工序制成。

选购指导

黑毛茶分一、二、三、四4个等级。

品质鉴别

从外形上看，黑毛茶条索粗卷，叶片阔大，色泽黑褐油润；冲泡后内质香气有火候香，汤色红褐，滋味醇厚，叶底乌褐叶大。

湖南黑茶

湘尖茶

条形黑茶

品质特征

条索：紧结，较圆直

色泽：乌黑油润

汤色：红浓明亮

香气：纯正，略带松烟香

滋味：浓厚

叶底：黄褐尚嫩

主要产地

湖南省益阳市安化县

汤色：红浓明亮
叶底：黄褐尚嫩

湘尖茶是历史名茶，是湘尖一、二、三号的总称，历史上分别称为“天尖”“贡尖”“生尖”，其中以天尖的品质为最优，天尖和贡尖在清朝时就被列为贡品。

采摘与制作工序

不同等级的湘尖茶所用原料不同，湘尖一号要求原料质嫩、色泽条索较好，以一级黑毛茶原料为主；湘尖二号以二级黑毛茶原料为主；湘尖三号以三级黑毛茶原料为主。经过筛分、风选、拣剔、高温汽蒸、揉捻、烘焙、拼堆、包装等工序制作而成。

选购指导

常见品牌有“白沙溪”等。

品质鉴别

从外形上看，湘尖茶条索紧结，较圆直，色泽乌黑油润；冲泡后内质香气纯正，略带松烟香，汤色红浓明亮。

滇桂黑茶

条形黑茶

普洱散茶

主要产地

云南省昆明市、普洱市、西双版纳傣族自治州及大理市下关一带

品质特征

条索：粗壮肥大

色泽：褐红，叶表起霜

汤色：红浓

香气：独特陈香

滋味：醇厚回甘

叶底：深猪肝色

普洱散茶是普洱茶的一种，生产历史非常悠久，因集散于普洱而得名。普洱散茶为晒青毛茶，经渥堆后筛制分级的商品茶，在合适的存放条件下，年份越久，其品质越佳，不仅可以生津止渴、提神，还具有减肥、降血压、解毒醒酒等功效。

辉煌历程

普洱茶问世于明代，盛于清代。易武车顺号是中国茶业史上唯一受到皇帝（道光帝）御赐嘉奖的普洱茶商号，御赐牌匾上写着“瑞贡天朝”四个金色大字。普洱茶是后发酵茶，具有越陈越香的特点，被誉为“可以喝的古董”。

茶叶采摘

普洱散茶是以优质云南大叶种为原料，芽叶嫩度越高等级就越高，一般滋润度高、芽头多、毫显的嫩叶较佳。

制作工序

鲜叶采摘后经杀青、揉捻、晒干、渥堆、晾干、筛分等工序制作而成。

选购指导

别的茶贵在新，普洱茶却贵在陈，其品质和价值往往会随着正确储藏时间的延长而逐渐提升。常见品牌有“七彩云南”“龙润”“大益”等。

品质鉴别

◎**看外观：**以芽头多、毫显、嫩度高，条索紧结、重实，色泽光滑润泽的普洱散茶为上品。

◎**观汤色：**普洱茶汤色要求红浓明亮。如汤色红浓剔透则是上品；深红色为正常；汤色混浊不清属下品。普洱熟散茶的汤色则是暗栗色，甚至接近黑色。

◎**闻香气：**主要辨别是否有陈香，注意区别霉味与陈香味。霉味是一种变质的味道，闻起来让人不舒服；而陈香味是一种纯正的综合香气，有的似桂圆香，有的似槟榔香，有的似甜香等。

◎**品滋味：**主要是尝滋味的醇和、爽滑、回甘。醇和是指滋味清爽带甜味，鲜味不足，刺激性不强。爽滑是指爽口，口腔有很惬意的感觉，无干涩感。回甘是指茶汤虽浓而刺激性不强，从茶入口有明显的回甜味。

冲泡方法

普洱熟茶多用紫砂壶或大盖碗冲泡，以透明品茗杯品尝。先用温水洗茶8秒钟，再用100℃的开水冲泡，散茶容易出味，1分钟后即可品饮。

汤色：红浓
叶底：深猪肝色

六堡茶

滇桂黑茶

条形黑茶

主要产地

广西壮族自治区梧州市苍梧县六堡乡

品质特征

条索：粗壮结实

色泽：黑褐光润，色泽光滑

汤色：红浓似琥珀色

香气：陈醇有槟榔香

滋味：浓醇爽滑，回甘

叶底：黑褐尚匀

六堡茶是广西特有的历史名茶，因产于广西苍梧县六堡乡，故又名“苍梧六堡”。六堡茶以红、浓、陈、醇四绝著称，是广西当地人民日常生活的保健饮品，具有祛风、消暑、解热、防癌等功效，滋味甘甜，老少皆宜。

辉煌历程

六堡茶历史悠久，距今已有2000年的历史，清朝嘉庆年间就被列为全国名茶。2006年茂圣六堡茶创造了六堡茶在国际茶博会金牌榜“零”的突破，获得首个黑茶类金奖，并在2010年参选上海世博会。

茶叶采摘

采摘原料有青苗茶、紫芽茶、大山叶茶和米碎茶4种，其中以青苗茶产量最高，品质最佳。采摘标准为一芽三叶或一芽四叶的新梢，保持新鲜，当天采当天制。

制作工序

经杀青、揉捻、渥堆、复揉、干燥5道工序制成，渥堆是一道关键性的工序，通过渥堆湿热作用，能促进鲜叶内含物质变化，除去苦涩味，消除青臭气，增加其香气，破坏叶绿素，使叶色变成黄褐色。

选购指导

六堡茶有“越陈越香”之说，口感是衡量茶好坏的最佳方法，不同的六堡茶会有不同的苦涩味，但是入口之后却会由苦转化为甘甜。其品牌有“茂圣牌”“中茶牌”和“苍顺牌”“苍松”等。

品质鉴别

◎**观其形：**正宗六堡茶干茶条索均匀，色泽黑褐光润而略带棕褐，闻之有新茶干香，无杂味和霉点。而伪六堡茶一般未经过“杀青”处理，毫无柔润感。

◎**闻茶香：**正宗六堡茶有槟榔香、果香（类似于罗汉果味）或松烟香，而仿冒品则没有这一香气。

◎**辨汤色：**1～2年的新茶汤色一般都比较浑。但随着时间的推移，会变得澄亮明净，越老的汤色越红越透亮，越体现出六堡茶的“红”“浓”特色。而假冒六堡茶冲泡后汤色晦暗或浑浊，呈“酱油汤”。

冲泡方法

六堡茶可以选用紫砂盖碗来冲泡，用量以盖过盖碗底部为宜，然后进行洗茶，选择100℃的沸水最佳。洗茶完毕后即可冲泡，注水量达到八九成满。冲泡时间不宜过长，否则会增加苦味，影响口感。

汤色：红浓似琥珀色
叶底：黑褐尚匀

滇桂黑茶

条形黑茶

宫廷普洱

主要产地

云南省昆明市、西双版纳傣族自治州等地

品质特征

条索：紧秀匀整

色泽：褐红油润，显金毫

汤色：褐红

香气：陈香馥郁

滋味：浓醇爽口

叶底：细嫩，猪肝色

汤色：褐红

叶底：呈猪肝色

普洱茶向来是中国茶种的名门贵族，其中以皇族贡茶最为尊贵，其历史地位和文化价值都远远超过民间普通的普洱茶。虽然现在皇家普洱辉煌不再，但宫廷普洱仍然具有显赫地位。

采摘与制作工序

宫廷普洱的采摘比较严格，原料取上等野生大叶乔木的芽尖，每年2月即可采摘标准为极细且微白的芽蕊。鲜叶采摘后经过杀青、揉捻、晒干、渥堆、筛分等工序制成。

选购指导

普洱茶越陈越香，常见品牌有“岭南轩”“下关”“大益”等。

品质鉴别

从外形上看，干茶条索紧秀，色泽褐红油润，显金毫；冲泡后内质香气陈香馥郁，汤色褐红，叶底细嫩。

第五章

黄茶

Huang Cha

黄茶是中国的基本茶类之一，属轻发酵茶，也是中国的特色茶类，创制于明末，目前主产于浙江、四川、安徽、湖南、湖北、广东等省。黄茶最鲜明的特点就是“黄汤黄叶”，具备条索紧细显毫、汤色杏黄明净、滋味醇爽、叶底嫩黄明亮的独特品质，性温，经常饮用对脾胃最有好处。

蒙顶黄芽

黄芽茶

扁形黄茶

主要产地

四川省雅安市名山县蒙顶山地区

品质特征

条索：扁平挺直，全芽披毫

色泽：嫩黄油润

汤色：黄亮透碧

香气：甜香浓郁

滋味：甘醇

叶底：嫩黄匀齐

蒙顶黄芽是蒙顶茶系列产品的一种，是芽形顶级黄茶。蒙顶茶的栽培始于西汉，距今已有2000多年的历史，历史上曾被列为贡茶，新中国成立后被评为全国十大名茶之一。20世纪50年代初开始生产黄芽，称为“蒙顶黄芽”。

辉煌历程

蒙顶茶是我国名茶行列中的一颗灿烂明珠，而其中的蒙顶黄芽更是黄芽中的极品，曾在唐至明清时期被奉为贡品。如今，蒙顶黄芽传统制作工艺也被列为省级非物质文化遗产，并且在2011年中国（上海）国际茶业博览会上，当地最新创制的“味独珍”牌蒙顶黄芽获得了金奖荣誉。

茶叶采摘

于春分前后开始采摘。采制品种为四川中小叶群体种，采摘标准为单芽和一芽一叶半初展（俗称“鸭雀嘴”）的鲜叶，要求芽头肥壮，大小匀齐。不采摘病虫芽、瘦芽、空心芽。一般制作500克成品茶需要4～5万个芽头。

制作工序

采回的芽头要及时摊放，及时加工。蒙顶黄芽制作工序包括杀青、初包（闷黄）、复炒、复包、三炒、堆积摊放、整形提毫、烘笼烘焙、包装9道工序。其中初包和复包是形成蒙顶黄芽黄汤黄叶特征的关键工序。

选购指导

选购蒙顶黄芽之前一定要先了解茶叶的具体特征，避免购买到非正品的蒙顶茶。相对而言，目前市场上品质较佳的有四川当地的味独珍茶业集团和蒙顶皇茶茶业公司生产的蒙顶黄芽。

品质鉴别

◎一般情况下，芽头多、锋苗多、叶质细嫩、白毫多的蒙顶黄芽为上品，多梗、叶质老、身骨轻者为次品。

◎闻干茶香气，如果有焦味、霉味、馊味等，则为次品；而香气持久，遇热后更浓，则为正品蒙顶黄芽。

◎上等蒙顶黄芽汤色黄亮中带浅绿，滋味鲜醇甘甜，即使是干茶咀嚼起来也有淡淡的甜味，而不仅仅是苦涩味。

冲泡方法

冲泡蒙顶黄芽可以选择透明的玻璃器皿，便于观赏；由于茶芽比较嫩，建议水温为75～85℃，茶水比例为1：50，投茶方式建议采用“上投法”；冲泡3分钟左右即可闻香品茶。

汤色：黄亮透碧
叶底：嫩黄匀齐

黄芽茶

霍山黄芽

雀舌形黄茶

主要产地

安徽省六安市霍山县金鸡山、乌米尖、金竹坪、金家湾等地

品质特征

条索：形似雀舌，细嫩多毫

色泽：绿润泛黄

汤色：稍绿，黄而明亮

香气：清高，有熟板栗香

滋味：醇厚回甜

叶底：黄绿明亮，嫩匀厚实

汤色：黄绿明亮
叶底：黄绿嫩匀

霍山黄芽为历史名茶，明代王象晋《群芳谱》记载，霍山黄芽为当时的极品茶之一，曾历经演变，甚至技术失传。后来在1971年经创制而恢复生产，延续至今，现与黄山、黄梅戏齐名，并称“安徽三黄”。

采摘与制作工序

谷雨前5天左右开采，采摘标准为一芽一叶或一芽二叶初展芽叶，当天采当天制。制作工序包括杀青、初烘、摊放、复烘、摊放、足烘等。

选购指导

常见品牌有“徽将军牌”“一品双尖牌”“抱儿钟秀牌”等。

品质鉴别

从外形上看，霍山黄芽形似雀舌，多毫，色泽绿润泛黄；冲泡后内质香气清高，有熟板栗香，汤色黄绿明亮。

黄芽茶

莫干黄芽

雀舌形黄茶

品质特征

条索：芽叶肥壮显毫，细如雀舌

色泽：绿润微黄或墨绿黄润

汤色：嫩黄清澈

香气：清香幽雅

滋味：甘醇鲜爽

叶底：嫩黄成朵，明亮

主要产地

浙江省湖州市德清县莫干山一带

汤色：嫩黄清澈
叶底：嫩黄成朵

莫干黄芽为历史名茶，古时称莫干山芽茶，是浙江省第一批省级名茶之一。自宋代时便已是茶中珍品，产量突出，清朝末年从市场淡出，1979年始恢复生产。

采摘与制作工序

采摘要求严格，每年3～4月开始采摘春茶，采摘标准为一芽一叶至一芽二叶初展的鲜叶。制作工序是传统的黄茶制作方法，经摊放、杀青、揉捻、焖黄、初烤、锅炒、足烘、揉捻等湿坯焖黄的过程即可完成。

选购指导

莫干黄芽有特级和一般2个级别，常见品牌有“瑶佳牌”“百亩顶牌”等。

品质鉴别

从外形上看，干茶芽叶肥壮显毫，细如雀舌，色泽绿润微黄或墨绿黄润；冲泡后内质香气清香幽雅，汤色嫩黄。

君山银针

黄芽茶

针形黄茶

主要产地

湖南省岳阳市（西）洞庭湖中的君山岛周围

品质特征

条索：芽头茁壮，紧实挺直

色泽：黄绿，白毫鲜亮，芽头金黄

汤色：杏黄明净

香气：清鲜，毫香鲜嫩

滋味：醇和甜爽

叶底：黄亮匀齐，肥厚

君山银针为历史名茶，曾被称为“黄翎毛”“白鹤茶”，产于湖南省洞庭湖的君山一带，因形似细针，故名为君山银针。它不仅是茶中佳品，也是一种外观优美的茶类艺术品，冲泡时极为美观。

辉煌历程

君山银针始于唐代，曾被作为贡品进贡给皇室之用。在1956年8月莱比锡国际博览会上，君山银针被誉为“金镶玉”，荣获金质奖章；在2011年，经国内茶界专家认定，君山银针成为黄茶标志性品牌的标志性产品。

茶叶采摘

君山银针的采摘非常严格，采摘的最佳时间为清明前3天至后10天，采摘标准为芽头，芽头要求标准长25～30毫米，宽3～4毫米，芽蒂长约2毫米。芽头包含3～4片肥硕的已分化却未展开的叶子。要求做到“九不采”，即雨天不采、露水不采、紫色芽不采、空心芽不采、开口芽不采、风伤芽不采、虫伤芽不采、瘦弱芽不采、过长过短芽不采。

制作工序

君山银针的制作复杂而精细，先后要经过杀青、摊凉、初烘、初包发酵、复烘、再摊凉、复包发酵、烘干、挑选等工序，大约需78个小时才可制成。

选购指导

根据芽头肥壮程度，君山银针产品分特号、一号、二号3个档次。目前，“君山”商标已获得“中国驰名商标”称号，所以，选购君山银针一定要认清品牌标志。

品质鉴别

◎正宗的君山银针是经过发酵的，芽头呈金黄色，享有“金镶玉”的美称，外面裹一层鲜亮的白毫，市面上很多冒牌的君山银针是不发酵的，属于绿茶类。

◎君山银针的茶芽像一根根的针，长短大小均匀。冲泡时茶芽首先是浮于水面，悬空挂立，片刻后，茶芽迅速吸水，慢慢开始下沉，最后簇立杯底。

冲泡方法

君山银针宜选用透明的玻璃杯冲泡，便于观察茶叶的形态。先用沸水预热茶杯，清洁茶具，并擦干杯，然后置茶约3克，将150毫升的开水分两次倒入，第一次倒入1/3的水量，水温在95℃以上为宜，摇匀，使杯中的热水全部浸泡茶叶后，再注入剩余水量，盖上杯盖。约5分钟后，即可打开杯盖，闻香赏茶品茶。

汤色：杏黄明净
叶底：黄亮匀齐

黄小茶

条形黄茶

北港毛尖

主要产地

湖南省岳阳市岳阳经济开发区北港邕湖一带

品质特征

条索：紧结卷曲，芽壮叶肥，白毫显露

色泽：青黄油润

汤色：金黄明净

香气：清高

滋味：醇厚

叶底：黄亮，肥嫩似朵

汤色：金黄明净

叶底：黄亮肥嫩

北港毛尖为历史名茶，唐代时就有记载，名为“邕湖茶”，后来注册商标时改名为“北港”，相传，当年文成公主出嫁去西藏时带去的就是此茶。

采摘与制作工序

清明节后5～6天采摘，一号毛尖采摘标准为一芽一叶，二、三号毛尖分别为一芽二、三叶。鲜叶采摘后经分锅炒（杀青）、锅揉、拍汗（闷黄）、复炒和烘干5道工序制成。

选购指导

北港毛尖以北港村方家组所产为最佳，可作为参考进行选购。

品质鉴别

从外形上看，北港毛尖紧结卷曲，芽壮叶肥，白毫显露，色泽青黄油润；冲泡后内质香气清高，汤色金黄明净，叶底肥嫩似朵。

黄小茶

花朵形黄茶

沩山毛尖

品质特征

条索：叶缘微卷，自然开展成朵，形似兰花

色泽：黄亮油润，白毫显露

汤色：橙黄鲜亮

香气：松烟香浓郁

滋味：醇甜爽口

叶底：黄亮嫩匀，完整成朵

主要产地

湖南省长沙市宁乡县西部的大沩山一带，以沩山村为核心产区

汤色：橙黄鲜亮
叶底：完整成朵

沩山毛尖为历史名茶，唐代便已著称于世，清代时被列为上品，影响力与龙井不相上下。

采摘与制作工序

每年清明节后、谷雨前采制，采摘标准为一芽一叶或一芽二叶的初展嫩叶，要求无残伤、无紫芽、无鱼叶和蒂把。当天采摘的鲜叶要当天制作，以保证茶的鲜嫩，然后经杀青、闷黄、轻揉、烘焙、熏烟等工艺精制而成。

选购指导

常见品牌有“黄之江牌”“沩山牌”“湘丰牌”等。

品质鉴别

从外形上看，沩山毛尖叶缘微卷，自然开展呈朵，形似兰花；冲泡后松烟香浓郁，色泽黄亮油润，白毫显露，汤色橙黄鲜亮。

鹿苑茶

黄小茶

环钩形黄茶

主要产地

湖北省宜昌市远安县西鹿溪山一带

品质特征

条索：条结弯曲呈环状，俗称『环子脚』

色泽：墨绿中泛金黄，略带鱼子泡

汤色：绿黄明亮

香气：清香持久

滋味：醇厚甘爽

叶底：嫩黄明亮，嫩匀

汤色：绿黄明亮
叶底：嫩黄明亮

鹿苑茶为历史名茶，创制于南宋宝庆年间，清乾隆时期被选为贡茶，且盛名经久不衰，先后于1982、1986年参加全国名优茶评比，被商业部评为“全国名茶”。

采摘与制作工序

每年清明至谷雨间采茶，采摘标准为一芽一叶和一芽二叶，鲜叶要求不带老叶、鱼叶、损伤叶等。制作经过杀青、炒二青、闷堆、拣剔和炒干等几道工序而成，其中闷堆较为重要，是促进茶色变黄的一个环节。

选购指导

常见品牌有“御贡鹿苑春牌”“黄之江牌”等。

品质鉴别

从外形上看，干茶条结弯曲呈环状，色泽墨绿中泛金黄；冲泡后内质香气清香持久，汤色绿黄明亮。

黄小茶

海马宫茶

扁形黄茶

品质特征

条索：扁平挺直，形如尖刀，锋苗挺秀

色泽：翠绿带黄

汤色：黄亮清澈

香气：清芬高锐

滋味：醇厚甘甜

叶底：嫩黄明亮，匀整

主要产地

贵州省毕节市大方县竹园乡老鹰沿脚下的海马宫村

汤色：黄亮清澈
叶底：嫩黄明亮

海马宫茶为历史名茶，始于明代，距今已有600多年的历史，并作为贡茶流传至今，因其产于海马宫村，故名为海马宫茶。

采摘与制作工序

采摘原料为海马宫村当地中、小群体品种，于谷雨前后采摘，采摘标准为：一级茶为一芽一叶初展鲜叶，二级茶为一芽二叶，三级茶为一芽三叶。经过杀青、初揉、渥堆、复炒、复揉、再复炒、再复揉、烘干、拣剔等工序制作而成。

选购指导

海马宫茶分一、二、三3个等级，不同等级价格不同。

品质鉴别

从外形上看，干茶扁平挺直，形如尖刀，锋苗挺秀，色泽翠绿带黄；冲泡后内质香气清芬高锐，汤色黄亮清澈，叶底嫩黄明亮。

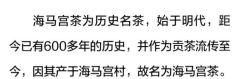

皖西黄大茶

黄大茶

环钩形黄茶

主要产地

安徽省霍山、金寨、岳西、舒城、六安等地

品质特征

条索：梗长叶大，叶片成条，梗叶相连

色泽：褐黄油润

汤色：深黄显褐

香气：高爽焦香，似锅巴香

滋味：浓厚醇和

叶底：粗老显褐

汤色：浑黄显褐
叶底：粗老显褐

皖西黄大茶为历史名茶，唐宋时期就已经声名远播，明清时期还作为贡品进贡皇室，销量持续上升。2010年，被国家农业部认定为“国家地理标志保护农产品”。

采摘与制作工序

分春茶和夏茶，春茶要到立夏前后才开始采摘，夏茶到立夏后彩摘，采摘标准为一芽四叶至一芽五叶，鲜叶比较粗老，但必须肥壮，要采长势好的茶树，叶大梗长。鲜叶采摘后经杀青、揉捻、初烘、堆积、烘焙等几道工序制成。

选购指导

皖西黄大茶以霍山县大化坪、漫水河及金寨县燕子河一带所产品质为佳。

品质鉴别

从外形上看，干茶梗长叶大，叶片成条，色泽褐黄油润；冲泡后内质香气高浓焦香，似锅巴香，汤色深黄显褐。

第六章

白茶

Bai Cha

白茶是中国的基本茶类之一，属于轻微发酵茶，主产区为福建省，以福鼎、政和、建阳、松溪等地居多。白茶最显著的特点就是干茶表面披满白色茸毛，并且具备芽叶完整、形态自然、香气清鲜、茶汤浅淡、滋味甘醇、持久耐泡的独特品质，因而也被当做中国茶类中的珍品。

白毫银针

白芽茶

针形白茶

主要产地

福建省宁德市福鼎市、南平市政和县，政和所产称『西路银针』，福鼎所产称『北路银针』

品质特征

条索：芽壮肥硕，挺直似针，白毫满披

色泽：毫白似银，银绿有光泽

汤色：浅杏黄，晶亮

香气：毫香清鲜

滋味：醇厚爽口

叶底：匀绿完整，肥嫩柔软

白毫银针为历史名茶，素有茶中“美女”“茶王”之美称。由于鲜叶原料全部是茶芽，制成成品茶后，形状似针、白毫密披、色白如银，故名为白毫银针。白毫银针虽是茶类，但因其有较高的药用价值，能清热解毒，故又有“功若犀角”之美誉。

辉煌历程

白毫银针创制于1889年，距今已有100多年的历史，在清光绪十六年（1891年）已出口外销。1982年被商业部评为全国名茶，后来又创制了银钩、银猴、银球、银龙等新的名优茶。2009年福鼎白毫银针获“中国鼎尖名茶”称号。

茶叶采摘

一般在3月下旬至清明节前采摘，要做到早采、嫩采、勤采、净采，以政和大白茶或福鼎大毫茶良种茶树的春芽为原料。鲜叶标准要求非常严格，以顶芽肥壮、毫心大为最优，且凡虫蛀芽、空心芽、紫色芽、病芽等均不可采用。春季采摘的一芽一叶的初展鲜叶，甚至单芽，都要剥离出茶芽，俗称“剥针”（即用手指将真叶和鱼叶轻轻剥离）。

制作工序

鲜叶采摘后需要经过萎凋、干燥（烘干或晒干）等几道工序制作而成。烘干用烘笼文火烘焙，烘温30~40℃，常在焙蒂上垫衬一张纸，以防温度过高灼伤茶芽。

选购指导

白毫银针年产量少，价格比较昂贵，目前市场上销售的品牌中品质相对较好的有“郑传源牌”“品品香牌”“绿雪芽牌”及“多奇牌”，可以作为购买参考。

品质鉴别

◎白毫银针是由未展开的肥嫩芽头制成的，茶芽肥壮挺直、匀整，白毫明显，色泽银灰，熠熠闪光。
◎优质的白毫银针冲泡后芽尖朝上，茶芽徐徐下落于杯中，再慢慢下沉至杯底，条条挺立，上下交错，极其壮观。

冲泡方法

冲泡白毫银针可以选用透明的玻璃杯，水温95~100℃（水温如果低，应适当延长冲泡时间），温杯之后就可置入茶叶3克，注水量为200毫升左右，然后一手托杯底，另一手扶杯，将茶杯沿顺时针方向轻轻倾斜转动约半分钟，使茶叶进一步吸收水分，充分发挥茶的香气。待冲泡5分钟后即可闻香品茶。

汤色：浅杏黄色
叶底：肥嫩柔软

贡眉

白叶茶

朵形白茶

主要产地

福建省南平市的建阳市、政和县、松溪县、建瓯市、浦城县及宁德市的福鼎等地

品质特征

条索：叶缘略带垂卷形，显毫心

色泽：灰绿或翠绿，鲜艳有光泽

汤色：橙黄（或深黄）清澈

香气：清鲜纯正

滋味：醇厚清甜

叶底：柔软鲜亮，叶长主脉呈红色

汤色：橙黄清澈

叶底：柔软鲜亮

贡眉是历史名茶，过去主要出口港澳地区，现今销往德国、日本、新加坡、马来西亚等国家，在1984年全国名茶品质鉴评会上被授予“中国名茶”称号。

采摘与制作工序

以菜茶芽叶为原料，采摘标准为春末一芽二叶至一芽三叶。初制工艺只有萎凋和烘焙2道工序，精制工艺包括拣剔、低温烘焙、装箱等工序。

选购指导

贡眉极具收藏价值，可贮存为老白茶。常见品牌有“品品香牌”“建溪春牌”等。

品质鉴别

优质贡眉色泽灰绿或翠绿，茸毫色白且多；芽叶连枝，匀整，破张少，两边缘略带垂卷形，叶面有明显的波纹，嗅之有令人欣喜的清香气味。

白叶茶

特色茶

月光白

品质特征

条索：弯弯如月，茶绒纤纤

色泽：表面绒白，底面素黑

汤色：金黄透亮

香气：馥郁缠绵、脱俗飘逸

滋味：甘醇顺滑

叶底：红褐匀整

主要产地

云南省普洱市澜沧拉祜族自治县景迈山及西双版纳州勐海县

汤色：金黄透亮

叶底：红褐匀整

因干茶的叶背覆盖细微的银白绒毛，犹如月光一般，故得名“月光白”，又名“月光美人”。它虽也采用普洱古茶树的芽叶制作，但严格来说，却并非是真正采用普洱的加工工艺生产的普洱茶，而是普洱生茶中的一款特色茶。

采摘与制作工序

春季采摘乔木型古茶树的一芽一叶。只采用“萎凋”的加工工艺，将采摘的鲜叶置放在土房子的阴凉处，让它慢慢自然发酵、自然晾干，不进行其他的加工制作工序。

品质鉴别

从外形上看，月光白弯弯如月，茶绒纤纤，表面绒白，底面素黑；冲泡后内质香气馥郁缠绵、脱俗飘逸，汤色金黄透亮，滋味甘醇顺滑，叶底红褐匀整。月光白十分耐泡，连冲四五泡之后，茶汤依然晶莹剔透，茶香犹存。

白牡丹

白叶茶

花朵形白茶

主要产地

福建省南平市建阳市、松溪县、政和县及福鼎市等地

品质特征

条索：两叶抱一芽，形态自然，叶背茸毛洁白

色泽：深灰绿或暗青苔色，绿叶夹银白毫心

汤色：橙黄清澈

香气：清鲜纯正，毫香明显

滋味：鲜醇清甜

叶底：叶张肥嫩，柔软成朵，叶脉微红

汤色：橙黄清澈
叶底：柔软成朵

白牡丹为历史名茶，因绿叶中夹银色白毫芽，形似花朵，冲泡后绿叶托着嫩芽，犹如蓓蕾初放，故名。因其独特品质和清热润肺的功效，白牡丹又常常被赞为“白茶之王”。

采摘与制作工序

以福鼎大白茶茶树和政和大白茶茶树为主要原料，采摘春季第一轮嫩梢上的一芽二叶的鲜叶。制作工序只有萎凋和烘干2道工序，毛茶之后再经过精致工艺即可装箱储存。

选购指导

常见品牌有“天毫牌”“郑传源牌”“品品香牌”等。

品质鉴别

从外形上看，白牡丹形态自然，叶背茸毛洁白，色泽深灰绿或暗青苔色；冲泡后内质香气清鲜纯正，毫香明显。

第七章

再加工茶

Zai Jia Gong Cha

再加工茶就是以绿茶、乌龙茶、红茶、白茶、黄茶、黑茶这六大基本茶类为原料经再加工而成的一种茶类，品类众多，各具特色。常见的再加工茶有花茶、紧压茶、果味茶、保健茶等，其中紧压茶和花茶的生产历史最久，影响最大，深受港澳地区、日本与东南亚各国人们的喜爱，是中国茶类中非常重要的一部分。

碧潭飘雪

花茶

茉莉半烘青花茶

主要产地

四川省成都市新津县

峨眉山地区

品质特征

条索：纤细紧秀，白毫显露

色泽：绿而带黄，花瓣金黄

汤色：碧黄（黄中带绿），清亮

香气：有茉莉花清香，鲜灵持久

滋味：淳香清爽，回味悠长

叶底：黄绿匀亮，细嫩多芽

碧潭飘雪于20世纪90年代由知名茶人徐金华创制而成，自20世纪70年代以来，他所制作的手工花茶便已声名鹊起，并以“徐公茶”著称。1995年专门成立了新津徐公茶文化研究所，作为专门研究“碧潭飘雪”的机构。

辉煌历程

近年来，碧潭飘雪一直保持着优雅高贵的气质，位列四川花茶之首，赢得了众多粉丝，而这其中的缘由就在于它的三大特点——雅、谜、绝。“雅”在于茶创制的背后所蕴含的丰富文化；“谜”在于如何能让雪白的花瓣漂浮在茶汤表面；“绝”则是因为碧潭飘雪一出现便技压群雄，位列四川花茶之首。

茶叶采摘

茶坯的原料是以清明前采摘的绿茶嫩芽为主，茉莉花则是采摘含苞待放、雪白晶莹的花蕾，尽量在午后开采，赶在花未全开之前采摘。

制作工序

包括茶坯准备和茶花窨制两道工序，窨制工艺经过鲜花维护、拌合窨花、通花散热、复火等工序而成，最后不需花茶分离，保留干花入茶。

选购指导

选购碧潭飘雪一定要认清产地，四川所产的花茶才是正宗品种，其中成都市茶叶有限公司是当地公认的信誉茶企，以“蜀涛牌”“贡品堂”为代表。

品质鉴别

◎优质碧潭飘雪花茶外形比较匀整，少有碎渣，条索非常紧系，毫色深浅不一，干茉莉花朵色泽金黄，花瓣完整。

◎冲泡后，花瓣漂浮在茶汤表面，黄绿色的茶芽主要集中在茶杯的下半部分，闻起来茶香和花香非常浓郁，二泡、三泡后仍然非常明显。

◎虽然好花茶重香味，但是正品碧潭飘雪香味不浓烈，而是纯爽、清香，味清淡，回味悠长。

冲泡方法

日常简单的泡法直接可以选择玻璃杯或盖碗冲泡，置茶之前要先热杯，然后置入3～5克干茶，注入150毫升左右的沸水，沸水温度以80～90℃为宜，最佳的冲泡时间为3分钟，具体依个人口味而定。

汤色：碧黄清亮
叶底：黄绿匀亮

福州茉莉花茶

花茶

茉莉烘青花茶

主要产地

福建省福州市和宁德市的福鼎市境内

品质特征

条索：紧细显毫，匀整

色泽：深绿

汤色：黄绿明亮

香气：纯正浓郁，鲜灵持久

滋味：醇厚鲜爽

叶底：黄绿柔软，匀嫩

福州茉莉花茶属历史名茶，并是茉莉花茶类中唯一的历史名茶。福州市地处南亚热带、气候温和、花木遍地，优势的栽培环境形成了茉莉花茶洁白、厚实、香气持久的特点，所产的茉莉花也因花期早、花期长、花蕾大、产量高、质量好、香味浓而享有盛名。

辉煌历程

福州茉莉花茶创制于明清年间。2011年，福州市荣获“世界茉莉花茶发源地”称号；2012年国际茶叶委员会授予福州茉莉花茶“世界名茶”称号。

茶叶采摘

茶坯要选择清明前后或谷雨前后采摘的单叶或一芽一叶或一芽二叶的优质绿茶嫩芽做茶坯。茉莉花在福建地区一般是在5月上旬至10月底采收，要选择含苞欲放的茉莉花朵。

制作工序

经过茶坯准备、鲜花维护、拌合窨花、通花、续窨、初花、烘干、转窨或提花、匀堆装箱、压花等工序而成。好的茉莉花茶可说是融茶叶之美、鲜花之香于一体的艺术品，其中最为关键的环节是窨制拼和，配花量、鲜花的开放程度、拌合的均匀度和速度、窨堆的时间长短和温度等都是决定茶香味的重要因素，把握好这些技艺才能达到花茶合一的理想状态。

选购指导

目前，福州茉莉花茶已成为世界上唯一具备地理标志证明商标、原产地产品保护标志、农产品地理标志3个地理标志的茉莉花茶。主要品牌有“吴裕泰”“张一元”“立农”等。

品质鉴别

◎优质茉莉花茶外形完整，色泽嫩黄，不存在其他夹杂物或碎茶。

◎上品茉莉花茶香气浓郁，鲜灵持久，且耐泡，至少能泡两泡，而个别稍差的花茶香气薄、不持久，一泡有香，二泡便无香了。

◎优质茉莉花茶的茶汤清新爽口，不会有其他异味，饮后口中留有花的芬芳和茶香的香醇。

◎茉莉花茶的汤色应以黄而明亮为佳，若深暗泛红，品质往往较差。

冲泡方法

选用玻璃杯冲泡。先用沸水将玻璃杯烫净预热，取花茶3克左右投入杯中，然后取80~90℃的开水分两次注入，先注入1/3的水量，半分钟过后再注入剩余水量，冲泡1分钟左右即可饮用。

汤色：黄绿明亮
叶底：黄绿柔软

花茶

茉莉龙团珠

茉莉烘青花茶

主要产地

福建省福州市、福鼎市、福安市及闽东各县

品质特征

条索：紧结成圆珠形，重实匀整

色泽：褐绿油润或绿润，白毫明显

汤色：黄亮清澈

香气：鲜浓纯正

滋味：醇厚

叶底：绿中带褐，柔软肥厚

汤色：黄亮清澈
叶底：绿中带褐

茉莉龙团珠又称“茉莉花团”，系三窨的茉莉花茶，在茉莉花茶市场上占据了重要的地位。

采摘与制作工序

茶坯原料采用福鼎大白茶等茶毫多的茶芽品种，采摘一芽一叶或一芽二叶的鲜叶；茉莉花要选择当天成熟的硕大、饱满的花朵。茶坯经过杀青、揉捻、烘焙、冷却、包揉整形等工序而成，然后与茉莉鲜花搭配窨制。

选购指导

选购时注意认清茉莉花茶的地理证明商标，选购福建当地正宗花茶。主要品牌有“吴裕泰”“张一元”“立农”等。

品质鉴别

从外形上看，干茶紧结成圆珠形，重实匀整，色泽褐绿油润或绿润，白毫明显；冲泡后内质香气鲜浓纯正，汤色黄亮清澈。

花茶

横县茉莉花茶

茉莉烘青花茶

品质特征

条索：紧细，匀整显毫

色泽：褐绿油润

汤色：黄绿明亮

香气：鲜浓纯正

滋味：浓醇

叶底：黄绿成朵，匀嫩

主要产地

广西壮族自治区南宁市横县

汤色：黄绿明亮
叶底：黄绿成朵

横县茉莉花茶为新创名茶。2000年被国家林业局、中国花卉协会正式命名为“中国茉莉之乡”，2006年横县获得国家工商总局商标局颁发的“横县茉莉花茶”证明商标。

采摘与制作工序

横县茉莉花花期早，每年4月就可以采摘，花期长，达8个月之久，故产量较高。制作工序包括茶坯处理、鲜花维护、茶花拼和、堆置窨花、通花续窨、起花、烘焙提花、过筛、匀堆装箱等。

选购指导

常见品牌有“周顺来牌”和“金花牌”等。

品质鉴别

从外形上看，干茶条索紧细，匀整显毫，色泽褐绿油润；冲泡后内质香气鲜浓纯正，汤色黄绿明亮。

花茶

珠兰花茶

珠兰花烘青茶

主要产地

安徽省黄山市歙县琳村一带及问政山、山斗、鲍家庄、稠木岭、承旧岭等地

品质特征

条索：条索紧细，锋苗挺秀，花干整枝成串

色泽：乌绿泛褐或深绿油润

汤色：黄绿透亮

香气：芬芳优雅，鲜爽持久

滋味：醇厚鲜爽

叶底：嫩绿匀亮

珠兰花茶是历史悠久的花茶之一，因其香气优雅，储存持久而深得消费者的青睐。其产地不一，主要产地是安徽省歙县，其次是福建漳州、广东广州及四川等地，因产地的不同，所产的珠兰花茶种类也不相同。

辉煌历程

珠兰花茶创制于清代乾隆年间（1736～1795年），迄今已有200多年历史。1984年珠兰花茶被评为安徽省优质产品。

茶叶采摘

珠兰花茶选用珠兰花和米兰花为原料，二者虽然花形相同，但是花香却有差异。花期在每年4~7月，一般夏季采摘，只采摘上午的花朵，过午不摘。珠兰花的花朵紧贴在花枝上，十分细小，似粟粒，故采摘时花干和花朵一起整枝采摘。

制作工序

包括茶坯处理和窨花两道工序，茶坯原料的品质决定了花茶的档次，所以特级花茶的茶坯原料一般选用高档名茶。窨花工艺阶段一般要经过鲜花维护、拼花窨花、通花散热、带花复火、匀堆装箱等工序，最后形成成品花茶。其中需要注意的是珠兰花不宜采用多窨次，否则会影响花茶的鲜爽度，一般投入花量在5%～6%，采用一窨一提的方法。

选购指导

珠兰花茶的产地较多，在选购上一定要了解产地和生产企业的情况。不同产地的花草茶香味不同，可以从中挑选出比较适合自己口味的一款，尽量选择口碑较佳的一些品牌，如安徽歙县的珠兰花茶、四川产的“玉珠牌”珠兰花茶等。

品质鉴别

◎优质珠兰花茶外形条索扁平匀齐，没有杂乱的碎末、梗子，含芽头，似竹叶，色泽乌绿油润，闻起来有明显的花的清香味。而劣质的花茶一般有很多茶梗和碎末，色泽发黄、发暗，没有光泽，抓起一小把份量明显比优质花茶轻。

◎珠兰花茶花干整枝成串，一经冲泡，茶叶徐徐沉入杯底，花如珠帘，水中悬挂，汤色黄绿尚润，细细品味既有兰花特有的幽雅芳香，又兼高档绿茶鲜爽甘美的滋味。

冲泡方法

宜用玻璃器具冲泡珠兰花茶，沸水水温不宜过高，以90～100℃水温为宜，一般冲泡5分钟左右即可饮用，冲泡时间过久会产生苦涩味。

汤色：黄绿透亮
叶底：嫩绿匀亮

花茶

桂花烘青

桂花烘青茶

主要产地

广西壮族自治区桂林市

品质特征

条索：紧细匀整，多毫毛，花朵自然撒落

色泽：墨绿油润，花朵金黄

汤色：绿黄明亮

香气：浓郁持久，鲜灵

滋味：醇厚鲜爽

叶底：嫩黄明亮

汤色：绿黄明亮
叶底：嫩黄明亮

桂花烘青是桂花茶中的大宗品种，以其独特的品质和养颜排毒的功效深受消费者喜爱，远销日本及东南亚各国，售价甚至超过了上等的乌龙茶。

采摘与制作工序

适合制作花茶的桂花品种主要有4种，即金桂、丹桂、银桂、四季桂，花期都在每年8~9月，一般只有8~9天，所以要在花瓣凋谢之前及时采摘，并且要在上午采摘。经过茶坯准备、鲜花维护、拌合窨花、通花散热、收堆续窨、出花烘干等工序而成。需要注意的是采用堆窨来窨制的话，要把握好堆高、窨堆时间和温度。

品质鉴别

从外形上看，干茶条索紧细匀整，多毫毛，花朵自然洒落，色泽墨绿油润，花朵金黄；冲泡后内质香气浓郁持久，鲜灵，汤色绿黄明亮。

花茶

山城香茗

茉莉烘青花茶

品质特征

条索：紧细，有锋苗

色泽：墨绿泛黄或绿黄尚润

汤色：黄绿明亮

香气：鲜浓持久

滋味：鲜醇爽口

叶底：黄绿匀亮，细嫩有芽

主要产地

重庆市重庆茶厂

汤色：黄绿明亮
叶底：黄绿匀亮

山城香茗为新创制名茶，于20世纪90年代由重庆茶厂研制而成，因其香气鲜灵度较好，滋味纯正、浓厚的高品质而赢得了消费者的喜爱，受到广泛好评。

采摘与制作工序

原料来自于巴山云雾之中的四川中小叶种和福鼎大白茶品种，采摘春季初展的一芽二叶鲜叶。茶坯制作按照烘青绿茶的制作工序，经杀青、摊晒、揉捻、解块、初烘、摊凉、复揉、解块、足火等工序而成，然后将茶坯与重庆当地的优质茉莉花窨制而成。

选购指导

常见品牌有“山城牌”等。

品质鉴别

从外形上看，干茶条索紧细，有锋苗，色泽墨绿泛黄或绿黄尚润；冲泡后内质香气鲜浓持久，汤色黄绿明亮。

花茶

玫瑰红茶

玫瑰花茶

主要产地

广东省广州市

品质特征

条索：紧细，夹杂玫瑰干花瓣

色泽：乌润泛褐

汤色：红亮鲜艳

香气：浓郁玫瑰花香

滋味：醇和甘美

叶底：红亮柔嫩

汤色：红亮鲜艳
叶底：红亮柔嫩

玫瑰红茶是用红条茶与玫瑰鲜花窨制而成的花茶，早在明代的《茶谱》中就详细记载了关于玫瑰花茶窨制的方法，而玫瑰红茶的创制则始于20世纪50年代。

采摘与制作工序

每年的5~6月是玫瑰的花期，摘下新鲜待放的花骨朵。制作工艺和传统花茶的窨制工艺相同，将采摘后的鲜花适当摊放，折瓣，去蒂和花蕊，最后以净花瓣和准备好的茶坯窨制而成。

选购指导

常见品牌有广东“梅州客家老字号”四川金玫瑰红茶和玉玫瑰红茶等。

品质鉴别

从外形上看，干茶条索紧细，夹杂玫瑰干花瓣，色泽乌润泛褐；冲泡后具浓郁玫瑰花香，汤色红亮鲜艳，滋味醇和甘美。

花茶

玳玳红

玳玳花红茶

品质特征

条索：紧细有锋苗

色泽：乌润

汤色：橙红透亮

香气：玳玳花香、果香馥郁持久

滋味：醇和

叶底：匀嫩有芽，红亮

主要产地

福建省南平市建阳市

汤色：橙红透亮
叶底：匀嫩有芽

玳玳红是结合玳玳花和金骏眉所创制的花茶新品，在传统花茶加工工艺基础上，采用四窨一提的基础工艺。玳玳红茶具有促进血液循环、疏肝、理气等功效。

采摘与制作工序

每年4月采摘金骏眉品种原料，5月采摘未开的玳玳花。经过茶坯处理、鲜花养护、窨花拼和、散通花热、起花、烘焙、冷却、转窨或提花、匀堆、装箱等工序制成。

选购指导

选购玳玳红，最直观的方法就是“赏”，一般上等玳玳红所选用毛茶嫩度较好，以有嫩芽者为佳。

品质鉴别

从外形上看，干茶紧细有锋苗，色泽乌润；冲泡后内质玳玳花香和果香融合，汤色橙红透亮，滋味醇和，叶底匀嫩有芽，红亮。

花茶

台湾桂花乌龙

桂花乌龙茶

主要产地

台湾嘉义市阿里山及大禹岭等高山

品质特征

条索：圆结紧实，厚重肥大

色泽：砂绿褐润

汤色：蜜绿清透

香气：鲜美芬芳的桂花香

滋味：浓醇甘美

叶底：肥大柔软

汤色：蜜绿清透
叶底：肥大柔软

桂花乌龙茶为新创名茶，是以乌龙茶和桂花窨制而成的一种花茶。福建安溪所产桂花乌龙主要是以陈年铁观音秋茶为茶坯，而台湾高山桂花乌龙则是以高山乌龙茶为茶坯，二者各具特色和韵味。

采摘与制作工序

因为桂花花期短，所以必须及时采摘，不能采摘将要凋谢的花朵。桂花乌龙制作极为讲究，一层茶叶一层桂花，窖藏密存。

选购指导

桂花乌龙开封后一般撇去桂花不要，所以不要以桂花的多少来衡量此茶是否正宗。

品质鉴别

从外形上看，干茶圆结紧实，厚重肥大，色泽砂绿；冲泡后内质香气呈桂花香，汤色蜜绿清透，滋味浓醇甘美。

龙虾花茶

特色花茶

品质特征

条索：扁曲成龙虾状，银毫满枝

色泽：墨绿油润或翠绿油润

汤色：橙黄明亮

香气：芬芳馥郁

滋味：甘爽醇美

叶底：嫩绿柔软

主要产地

湖南省张家界市永定区境内的三岔、黄坡等茶场

汤色：橙黄明亮
叶底：嫩绿柔软

龙虾花茶始于1981年，是以高山毛尖茶和龙虾花经科学配制而成的一种特色花茶，曾在1985年被评为全国16个优质名茶之一，并荣获农牧渔业部优质产品名茶金杯奖，1988年获国家食品博览会银质奖。

采摘与制作工序

龙虾花夏秋都可采摘，高山毛尖茶在每年的清明至谷雨采摘一芽一叶初展或一芽二叶的肥实芽叶。采摘后芽叶要进行茶坯处理，然后与龙虾花进行科学配置、窨制拼合。

选购指导

常见品牌有“白鹤井”系列和“云雾王”系列。

品质鉴别

从外形上看，干茶扁曲成龙虾状，银毫满枝，色泽墨绿或翠绿油润；冲泡后内质香气芬芳馥郁，汤色橙黄明亮。

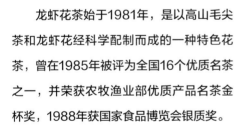

紧压茶

下关沱茶

绿茶紧压茶

主要产地

云南省大理市下关的下关茶厂

品质特征

条索：紧结，呈沱状，厚薄适度、均匀

色泽：乌润或绿润，显毫

汤色：橙黄明亮

香气：清纯馥郁

滋味：醇爽回甘

叶底：嫩匀明亮

下关沱茶为历史名茶，经点苍山天然泉水形成蒸汽蒸压而成。大理市下关作为云南主要的茶叶集散地，汇集了来自省内各地最好的制茶原料，所以，这里才诞生了采用多种优质云南大叶种晒青毛茶作为下关沱茶原料的沱茶制作工艺，故历史上有“下关沱茶”之称。

辉煌历程

1902年，下关沱茶由下关“永昌祥”商号成功定型，至今已有一百多年的历史。2011年“下关沱茶制作技艺”入选国家级非物质文化遗产名录。

茶叶采摘

下关沱茶以滇西南云南大叶种鲜叶为原料。沱茶的底茶选用了味道浓郁的毛茶原料。而位于中间的“二盖”则选用了略比“底茶”鲜嫩的春尖茶；整个沱茶表层“头盖”，选用的则是最为鲜嫩、品相最好的“白毛尖”。

制作工序

毛茶原料经筛分、风选、拣剔、拼堆加工成半成品。将筛分工序分离出的包心茶胚和洒面茶胚分别进行风选、拣剔、拼堆。将包心和洒面的半成品分别进行称重、装模、蒸压、定型、干燥、包装而成。手工揉制是下关沱茶的核心环节，手工揉制的沱茶外形精妙绝伦，非常独特，而且“层次分明”。

选购指导

下关沱茶借鉴了云南景谷“姑娘茶”的模样，因此，下关沱茶最大的特征是外形紧结，呈沱状，且茶体具有很强的抗压性，即使百余斤重的物体落在沱茶上，茶体依旧完好无损。

另外，下关茶厂生产的沱茶系列产品有绿茶型（晒青型和烘青型）、普洱型、红茶型、花茶型4类，形状呈碗臼状，紧结光滑。

品质鉴别

◎**晒青型甲级沱茶：**色泽绿润，香气纯浓持久，汤色橙黄明亮，滋味浓厚醇和，叶底嫩匀明亮。

◎**晒青型乙级沱茶：**色泽尚绿润，香气稍夹烟气，汤色橙黄尚亮，滋味浓厚尚醇，叶底尚嫩匀。

◎**烘青型沱茶：**色泽青绿润，香气清香，汤色黄绿明亮，滋味浓厚，叶底嫩匀明亮。

冲泡方法

下关沱茶在饮用前需将其掰成碎块（或用蒸汽蒸热后一次性把沱茶解散晾干），每次取3克，用开水冲泡5分钟后品饮。

汤色：橙黄明亮
叶底：嫩匀明亮

普洱茶饼（生）

紧压茶

绿茶紧压茶

主要产地

云南省大理市下关、临沧市双江县、普洱市等地

品质特征

条索：圆饼形，紧结光滑

色泽：青绿或墨绿

汤色：青黄透亮或金黄透亮

香气：清香纯正

滋味：苦涩中带甘甜

叶底：黄绿色或暗绿色，较柔韧

饼茶是一种圆饼形的蒸压茶，因其大小规格比圆茶小，所以又称“小饼茶”。生茶普洱茶也称“青饼”。“生茶”采摘后以自然方式发酵，茶性较刺激，放多年后茶性会转温和，优质的老普洱通常是此种制法。一般来说，收藏宜选择生茶，即饮宜选择熟茶。

茶叶采摘

采摘云南大叶种高、中档晒青毛茶为原料。

制作工序

生茶是鲜叶采摘后经杀青、揉捻、晒干制成的，或叫晒青毛茶。把晒青毛茶进行高温蒸，放入固定模具定型，晒干后即成为紧压茶品。一块普洱茶饼从开始到制作成型，一般要经过称、蒸、捻、压、拿、拨、包7道工序。

选购指导

饼茶规格为直径11.6厘米，边厚1.3厘米，中心厚1.6厘米。每块重125克，4块装一筒，75筒为一件，总重37.5千克，用63厘米×30厘米×60厘米内衬笋叶的竹篓包装。品质佳的普洱饼茶苦能回甘、涩能生津。主要品牌有“七彩云南”“大益”“龙润”“龙生”等。

品质鉴别

普洱茶的生茶和熟茶主要从以下几个方面来鉴别。

◎**外形：** 生饼色泽以青绿、墨绿色为主，有部分转为黄红色，白色为芽头。熟饼色泽为黑或红褐色，有些芽茶则是暗金黄色，有浓浓的渥堆味，类似于霉味，发酵轻者有类似龙眼的味道，发酵重者有闷湿的草席味。

◎**口感：** 生饼口感强烈，茶气足，茶汤清香，苦而带涩。熟饼浓稠水甜，几乎不苦涩（半生熟的除外），有渥堆味，略带水味。

◎**汤色：** 生饼呈青黄色或金黄色，较透亮。熟饼呈栗红色或暗红色，微透亮。

◎**叶底：** 生饼叶底以黄绿色、暗绿色为主，活性高，较柔韧，有弹性，一般以无杂色、有条有形、展开仍保持整叶状的为好茶。熟饼渥堆发酵度轻者叶底是红棕色但不柔韧，重发酵者叶底多呈深褐色或黑色，硬而易碎。

冲泡方法

普洱一般第二泡才拿来喝，第一次泡可以洗去苦涩味和杂质。另外，泡茶用的水质很重要，要用矿泉水或山泉水冲泡，温度的把握也是关键，熟普洱用沸水冲泡，生普洱则可低于泡熟茶的温度，具体视个人爱好而定。

汤色：青黄透亮
叶底：黄绿柔韧

紧压茶

绿茶紧压茶

竹筒香茶

主要产地

云南省西双版纳傣族自治州的勐海县和文山壮族苗族自治州广南县的底圩、腾冲县坝外等地

品质特征

条索：形似圆柱

色泽：深褐或青褐，白毫显露

汤色：黄绿明亮或橙红明亮

香气：有竹叶的清香

滋味：鲜爽甘醇

叶底：嫩黄明亮

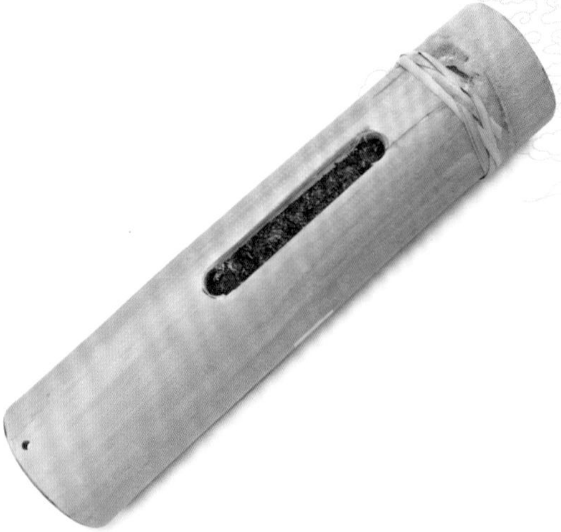

汤色：黄绿明亮

叶底：嫩黄明亮

竹筒香茶为历史名茶，是采用云南大叶种晒青茶为原料加工而成的。竹筒茶外形呈棒状，白毫特显，茶汤清澈明亮，具有竹叶清香，味美爽口，饮时只要掰少许茶叶，用沸水冲泡即可。

采摘与制作工序

采摘标准为一芽二叶或一芽三叶的鲜叶。竹筒香茶的制作方法有两种：一种是将经过杀青、揉捻后的鲜叶装入生长仅一年的嫩甜竹（又名香竹、金竹）筒内，以文火烤干；另一种是将一级晒青毛茶放入底层装有糯米的小饭甑内蒸软后，再筑进竹筒内，以文火徐徐烤干而成。

品质鉴别

从外形上看，竹筒香茶形似圆柱，色泽深褐或青褐，白毫显露；冲泡后汤色黄绿明亮或橙红明亮，有竹叶的清香，叶底嫩黄明亮。

紧压茶

绿茶紧压茶

重庆沱茶

品质特征

条索：圆正呈碗臼状，松紧适度

色泽：暗绿油润或青褐油润

汤色：橙黄明亮

香气：陈香馥郁

滋味：醇厚甘和

叶底：较嫩匀

主要产地

重庆市

汤色：橙黄明亮
叶底：较嫩匀

重庆沱茶为新创名茶，创制于1953年。当年重庆建立重庆茶厂，从云南调入绿茶原料开始生产沱茶，后来重庆茶叶逐步发展。重庆沱茶获得1983年第22届世界优质食品评选大会金质奖。

采摘与制作工序

以重庆、四川所产的云南大叶种晒青、烘青、炒青等绿茶为原料。选料后还包括对原料绿茶进行原料选配整理、称料、蒸茶、加压成型、定型干燥、包装成件等工序。

选购指导

重庆沱茶目前有50克、100克、250克3种重量规格，品牌有“中茶”等。

品质鉴别

从外形上看，干茶圆正呈碗臼状，松紧适度，色泽暗绿油润；冲泡后内质香气陈香馥郁，汤色橙黄明亮。

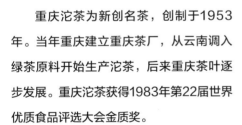

紧压茶

黑茶紧压茶

普洱砖茶

主要产地

云南省西双版纳傣族自治州勐海县的勐海茶厂及德宏傣族景颇族自治州的特种茶茶厂

品质特征

条索：长方形，棱角整齐，紧结厚实

色泽：褐红

汤色：红浓明亮

香气：陈香浓郁

滋味：醇和

叶底：深猪肝色

普洱砖茶为历史名茶，是普洱茶的一个品种，由蒸团茶演变而来，原为带柄的心脏形紧茶，1957年为使用机械加工和方便运输，改造为砖形。普洱砖茶为熟普洱，在人工渥堆发酵过程中产生了很多对人体有益的酵母菌，可降脂减肥，早上喝一杯可促进肠胃蠕动。

茶叶采摘

以云南大叶种晒青毛茶为原料。

制作工序

晒青毛茶经筛分、风选、挑剔后制成筛号茶半成品，再拼配成盖茶和里茶，在压制前分别洒水渥堆。渥堆后，按盖茶和里茶比例，折算水分，分别称重、上蒸、模压，成型后趁热脱模进行干燥。

选购指导

渥堆技术是1973年由昆明茶厂实验成功的，也就是说，1973年以前的熟普洱都是假的。普洱砖茶成茶用牛皮纸包装，每块重250克。主要品牌有“大益”“中茶”等。

品质鉴别

◎**看外表：**检查是否有发霉的现象，茶叶的条形是否明显。不管是砖茶还是饼茶、沱茶，先看茶叶的条形是否完整，叶老或嫩，老叶较大，嫩叶较细。若一块砖茶的外观看不出明显的条形，表面碎且细，则为次品。

◎**闻香气：**普洱茶具有越陈越香的独特品质，但陈香与霉味有很大差别。一般来说，保存不佳的普洱茶才会产生霉味。需注意的是，市面上有些茶商为了掩盖其霉味，会加入一些香料。因此，若闻起来有非茶花的花香，说明茶叶品质不纯正。

◎**尝茶味：**品饮熟普洱老茶，则甜、润、滑，有一种连连绵绵的感觉；而生普洱老茶茶香扑鼻，喝下去后，口腔生香，有舌头生津的感觉。

冲泡方法

好的普洱砖茶是分层次的，可以买一个普洱刀，一点点撬下来。撬下来的量，以个人能接受的浓淡为宜。具体冲泡办法是：一般准备8～10克普洱茶，放在茶杯里。用100℃沸水冲泡，润茶，冲泡5～10秒钟，然后倒掉。润茶之后注入适量100℃沸水，一般茶与水比例为1：8为好。10～20秒钟后就可以饮用香茶了。普洱茶一般能冲泡15～30次，甚至更多，如果想以此减肥的朋友则可以冲泡时间长一点，茶水浓一点会更有效果。

汤色：红浓明亮
叶底：深猪肝色

紧压茶

七子饼茶

黑茶紧压茶

主要产地

云南省西双版纳傣族自治州勐腊县易武乡、勐海县和普洱市景东彝族自治县及大理下关市等

品质特征

条索：紧结、圆整、显毫

色泽：褐红

汤色：深红褐色

香气：纯正，陈香

滋味：醇浓

叶底：深猪肝色

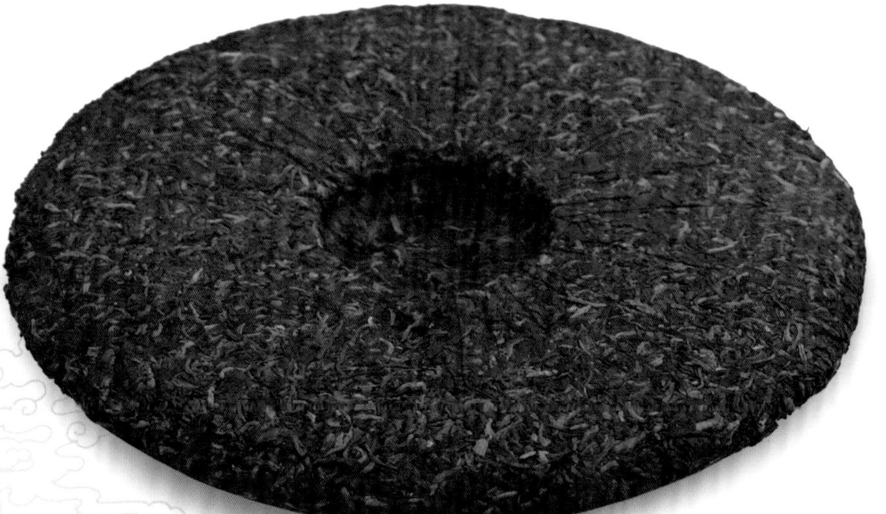

七子饼茶为历史名茶，是云南普洱茶中最重要的一个品种，每饼净重357克，合七两，每筒七饼，共七七四十九个，代表多子多孙，故名七子饼。在云南少数民族文化中，“七”是一个吉祥的数字，象征着多子多福，圆圆满满。因此，七子饼茶常被中国人视为“合家团圆”的象征。

茶叶采摘

以云南大叶种晒青毛茶为原料。尤其勐海地区的原料，更适合做出高品质的普洱茶。

制作工序

晒青毛茶经筛分、拼配、渥堆、蒸压而成，其渥堆程度较重。生普洱和熟普洱最大的区别在于是否经过“渥堆”这道工序，“渥堆”工序是决定质量优劣的关键，除了让茶汤有特殊香气与口感醇化外，还可提高人体抗氧化能力。

选购指导

七子饼茶一般每块净重357克（现今的茶厂为了饼形更丰满，也会制作成380克或400克），规格为直径20厘米，中心厚度2.5厘米，边缘厚度1.3厘米。

普洱茶属于越放陈旧越好的茶类。七子饼生茶最好买陈茶。一般来说，生茶可以存放10~20年，熟茶只能存放两三年。乔木型古树生普洱存放时间能更长，对身体更有益，所以无论投资还是收藏，选择这类普洱才更具价值。普洱茶会涉及如何辨别普洱茶陈期的问题，以下的方法仅供普洱茶爱好者参考。

◎**1950年之前**：这个时期称为“古董茶”，如百年宋聘号、同兴贡饼、同庆号、同昌老号、宋聘敬号。通常都有一张糯米纸，印上名称，就是“内飞”。

◎**1950~1968年**：所谓“印级茶品”，也就是包装纸上的“茶”字以不同颜色标示，红印为第一批，绿印为第二批，黄印为第三批。

◎**1968年之后**：此时茶饼包装不再印上“中国茶叶公司”字号，改由各茶厂自行生产，统称“云南七子饼”，如雪印青饼、73青饼等。

品质鉴别

◎**闻其味**：味道要清，不能有霉味。

◎**辨其色**：茶色如红枣，不能黑如漆。

◎**品其汤**：回味温和，不可味杂陈。

冲泡方法

冲泡普洱茶用小茶碗或紫砂壶，开水即冲即饮。冲泡时茶叶份量大约占壶身的20%，如果是陈年的茶饼，则可用茶刀取下部分茶叶，通风放置两星期后再进行冲泡。此外，喝普洱茶时最好先醒一遍。

汤色：深红褐色
叶底：深猪肝色

梅花饼茶

紧压茶

黑茶紧压茶

主要产地

云南省大理白族自治州大理市的下关茶厂、德宏傣族景颇族自治州的特种茶茶厂

品质特征

条索：紧结光滑，圆饼形

色泽：褐红

汤色：红浓透亮

香气：独特陈香

滋味：醇浓

叶底：深猪肝色

汤色：红浓透亮
叶底：深猪肝色

梅花饼茶为历史名茶，由宋代“龙凤团茶”演变而来。梅花饼茶是云南普洱饼茶的一个品种，属熟茶。该茶性温和，具有养胃、护胃等功效。医学研究证明，梅花饼茶对改善细菌性痢疾有良好作用。

采摘与制作工序

以云南大叶种晒青毛茶为原料。晒青毛茶经人工快速催熟发酵、洒水渥堆工序，即为熟散茶。熟散茶再经过蒸、定型（圆饼型），成为熟茶梅花饼茶。

选购指导

梅花饼茶的标准规格为：直径10厘米，边厚4厘米，每块重100克。

品质鉴别

从外形上看，梅花饼紧结光滑，圆饼形，色泽褐红；冲泡后内质具独特陈香，汤色红浓透亮，滋味醇浓，叶底深猪肝色。

紧压茶

黑茶紧压茶

普洱小沱茶

品质特征

条索：呈碗臼状，紧结光滑

色泽：褐红油润

汤色：红浓

香气：显独特陈香

滋味：醇和

叶底：稍粗，呈深猪肝色

主要产地

云南省大理市下关茶厂（现为云南下关沱茶（集团）股份有限公司）

汤色：红浓
叶底：呈深猪肝色

普洱小沱茶原产于景谷县，又名“姑娘茶”，形如月饼，1902年被试制成碗臼状。普洱小沱茶稍小，像一个压缩了的燕窝，将其放在玻璃杯里冲泡，色泽就像红酒一样醇。

采摘与制作工序

以优质的普洱散茶为原料。毛茶原料经后发酵、摊凉、筛分、挑剔、拼配、蒸压成型、干燥、成品包装等工序加工而成。

选购指导

普洱小沱茶和下关沱茶最大的不同是：前者属于普洱型，为熟茶（没有生茶的苦涩味）；后者属于绿茶型，为生茶（不经过渥堆发酵直接蒸压成型）。

品质鉴别

从外形上看，普洱小沱茶呈碗臼状，紧结光滑，色泽褐红油润；冲泡后内质香气显独特陈香，汤色红浓。

康砖

紧压茶

砖形紧压茶

主要产地

四川省雅安市荥经县、名山县、天全县等地

品质特征

条索：圆角枕形，砖面平整，紧度适合

色泽：棕褐

汤色：红褐尚明

香气：纯正

滋味：醇和尚浓

叶底：棕褐花杂较粗

汤色：红褐尚明
叶底：花杂较粗

康砖茶为历史名茶，创制于清乾隆年间，是经蒸压而成的砖形茶。康砖茶主要产于雅安，雅安是清朝时西康省的省会，故取了西康的“康”字，而茶叶形状像砖，故得名康砖茶。

采摘与制作工序

康砖茶原料来源非常广泛，一般包括晒青茶、条茶、茶梗、茶果等，其中的条茶比例对口感效果影响最大。制作工序包括称茶、蒸茶、筑包、冷却定型、干燥、包装等。

选购指导

四川省雅安茶厂所产的“康砖牌”康砖茶品质较佳。

品质鉴别

从外形上看，康砖呈圆角枕形，砖面平整，紧度适合，色泽棕褐；冲泡后内质香气纯正，汤色红褐尚明。

紧压茶

砖形紧压茶

金尖茶

品质特征

条索：圆角枕形，稍紧实，无起层

色泽：棕褐

汤色：红黄尚明

香气：纯正

滋味：醇和

叶底：棕褐稍老

主要产地

四川省雅安市、宜宾市等地

汤色：红黄尚明
叶底：棕褐稍老

金尖茶和康砖茶一样也是经蒸压而成的砖形茶，但是其品质略逊于康砖茶。金尖茶主要销往西藏、四川、青海等地，耐存储，越陈越香，是西藏牧民非常喜爱的一种饮品。

采摘与制作工序

原料来源非常广泛，有条茶、茶梗、茶果、晒青茶等，与康砖茶不同的是配料里的红苔比例较多，所以口味更加醇和。制作工序包括称茶、配料、蒸压成型、干燥、成品包装等。

选购指导

选购时可参考四川雅安的“兄弟友谊”金尖茶和“吉祥牌”金尖茶。

品质鉴别

从外形上看，金尖茶呈圆角枕形，稍紧实，无起层，色泽棕褐；冲泡后内质香气纯正，汤色红黄尚明。

方包茶

紧压茶

砖形紧压茶

主要产地

四川省成都市都江堰市

品质特征

条索：梗多叶小，紧度适合

色泽：黄褐

汤色：红中隐黄

香气：稍带烟焦气

滋味：醇和

叶底：黄褐粗老

汤色：红中隐黄
叶底：黄褐粗老

方包茶是篓包型炒压黑茶之一，属西路边茶的品种之一，因其原料筑压在方形篾包中而得名，又因过去运输西路边茶时是用马驮运的，故又称为“马茶”。

采摘与制作工序

鲜叶原料比南路边茶更为粗老，采割的是1～2年生的成熟枝梢，并直接晒干而成。毛茶处理分切铡、筛分、配料、蒸茶、渥堆等过程，然后再进行筑制，包括称茶、炒制、筑包3道工序，最后经烧包和晾包即成。

选购指导

常见规格为66厘米×50厘米×32厘米，每包重35千克，注意含梗量不能超过60%。

品质鉴别

从外形上看，方包茶梗多叶小，紧度适合，色泽黄褐；冲泡后内质香气稍带烟焦气，汤色红中隐黄。

紧压茶

茯砖茶

砖形紧压茶

品质特征

条索：长方砖形，棱角分明，厚薄一致

色泽：黄褐

汤色：红黄明亮

香气：纯正，有菌花香

滋味：醇厚甘爽

叶底：黑褐粗老

主要产地

湖南省益阳市安化县等地

汤色：红黄明亮
叶底：黑褐粗老

茯砖茶于1953年开始在益阳茶厂投产，是以当地的黑毛茶为原料压制而成的砖茶，目前该厂的特级茯砖茶于1988年荣获首届中国食品博览会金奖。

采摘与制作工序

特级茯砖茶全部用三级黑毛茶为原料，普通茯砖茶则以三级、四级黑毛茶和其他茶搭配为原料。制作工序包括筛制、汽蒸、渥堆、发酵、压制定型、发花、干燥、包装等。

选购指导

选购时要注意产地，比较常见的有泾阳茯砖茶、安化茯砖茶、益阳茯砖茶等。以砖茶内金黄色霉菌（俗称“金花”）越多越好。

品质鉴别

从外形上看，黑砖茶为长方砖形，厚薄一致，紧度适合，色泽黑褐；冲泡后内质香气纯正，汤色红黄微暗。

紧压茶

砖形紧压茶

黑砖茶

主要产地

湖南省益阳市

品质特征

条索：长方砖形，厚薄一致，紧度适合

色泽：黑褐

汤色：红黄微暗

香气：纯正

滋味：浓厚微涩

叶底：黑褐，老嫩尚匀

汤色：红黄微暗
叶底：黑褐尚匀

黑砖茶于1939年由湖南白溪茶厂创制而成，它的诞生不仅扩大了黑茶市场，也改变了人们饮茶的习惯。1988年该厂创新生产的黑砖茶荣获全国首届食品博览会银奖，“精品黑砖条装茶”也获得2007年中国国际茶业博览会金奖。

采摘与制作工序

茶原料来自三级黑毛茶、四级黑毛茶和其他茶的混合，表里一致，内外原料相同。毛茶进行筛分、风选、拼堆等工序后形成半成品，然后再经过蒸压、烘焙、包装等工序成为成品。

选购指导

“白沙溪”黑砖茶品牌被认定为“中国黑茶标志性品牌”，历史悠久，质量有保证。

紧压茶

青砖茶

砖形紧压茶

品质特征

条索：长方砖形，表面平整光滑

色泽：青褐色

汤色：橙红或红黄尚明

香气：纯正，无粗老气

滋味：醇和尚浓

叶底：青褐粗老

主要产地

湖北省咸宁市的赤壁市、通山县、通城县、崇阳县等地

汤色：红黄尚明
叶底：青褐粗老

青砖茶为历史名茶，距今已有200多年的历史，是采用鄂南老青茶为原料加工而成的紧压茶。

采摘与制作工序

采摘时间为小满至白露，采摘梗长不能超过20厘米的鲜叶。采摘后要先经过杀青、初揉、初晒、炒揉、渥堆等工序加工成毛茶，然后再经过筛分、压制等制成成品。压制比较复杂，分洒面、二面、里茶3个部分。

选购指导

可选购“中华老字号”赵李桥茶厂和羊楼洞茶业有限公司生产的青砖茶。

品质鉴别

从外形上看，青砖茶呈长方砖形，表面平整光滑，色泽青褐色；冲泡后内质香气纯正，无粗老气，汤色橙红或红黄尚明。

米砖茶

紧压茶

红茶砖形紧压茶

主要产地

湖北省咸宁市赤壁市

品质特征

条索：砖形，棱角分明，纹面图案清晰

色泽：乌润，表面光滑

汤色：深红或褐红

香气：纯和

滋味：醇厚

叶底：红暗

汤色：深红
叶底：红暗

米砖茶为历史名茶，距今已有百年历史，仅次于青砖茶。米砖茶的洒面和里茶都是用碎细的茶末制成的，因外形似砖，故称为米砖茶，是我国砖茶中独树一帜的红砖茶，至今仍是畅销俄罗斯、蒙古及欧美等地的名茶之一。

采摘与制作工序

原料来自于红茶的粗细片末茶。原料经过称茶、蒸茶、装模压砖、定形退砖、干燥、包装等工序加工而成。

选购指导

常见品牌有赵立桥茶厂生产的“川字牌”等米砖茶。

品质鉴别

从外形上看，米砖茶棱角分明，纹面图案清晰，色泽乌润，表面光滑；冲泡后内质香气纯和，汤色深红或褐红，叶底红暗。

漳平水仙

紧压茶

青茶方形紧压茶

品质特征

条索：见方扁平，形似方饼

色泽：青褐，蜜黄显红点

汤色：橙黄清澈，明亮

香气：清新高长，具花香

滋味：醇厚甘爽

叶底：肥厚黄亮，红边鲜明

主要产地

福建省龙岩市的漳平市双洋镇、南洋乡、新桥镇等地

汤色：橙黄清澈
叶底：红边鲜明

漳平水仙为历史名茶，又名“纸包茶”，至今有六七十年历史。漳平水仙1995年荣获第二届中国农业博览会金奖，并列入《中国名茶录》。

采摘与制作工序

采摘水仙品种茶树鲜叶，每年清明节后采摘小开面至中开面的二叶或三叶嫩梢。鲜叶采摘后经晒青、做青、炒青、揉捻、定形、烘焙等工序制成。

选购指导

目前，漳平市政府已经实施了漳平水仙的商标品牌战略，选购时要认清当地的品牌商标。

品质鉴别

从外形上看，漳平水仙为方扁平，形似方饼，色泽乌褐油润；冲泡后内质香气清新高长，具花香，汤色橙黄清澈，明亮。

黄金砖

紧压茶

黄茶砖形紧压茶

主要产地

湖南省岳阳市君山地区

品质特征

条索：长方砖形，棱角分明，紧度适合

色泽：棕黄

汤色：橙红明亮

香气：高爽

滋味：醇和甘爽

叶底：黄褐柔软

汤色：橙红明亮
叶底：黄褐柔软

黄金砖为新创名茶，是君山黄茶系列的新品之一，因其外形似砖，且具有黄叶黄汤的特点，故名。黄金砖的推出提升了君山黄茶的影响力，拓展了其发展空间。

采摘与制作工序

主要是以君山地区所产的茶树鲜叶为原料，清明节后采摘。采用传统黄茶制作工序，包括杀青、摊凉、初烘、复摊凉、初包、复烘、再包、焙干等，并结合紧压茶的做形等特殊工序而制成。

选购指导

目前黄金砖以“君山牌”的品质较佳，是以君山银针为雏形创制的。

品质鉴别

从外形上看，黄金砖为长方砖形，棱角分明，紧度适合，色泽棕黄；冲泡后内质香气高爽，汤色橙红明亮，滋味醇和，叶底柔软。

紧压茶

橘普茶

特型紧压茶

品质特征

条索：呈球形

色泽：红褐光润

汤色：深红褐色

香气：带有果香和普洱茶的香韵

滋味：醇厚微甜

叶底：黑褐均匀

主要产地

云南省西双版纳勐海县及临沧市凤庆县等地

汤色：深红褐色
叶底：黑褐均匀

橘普茶是结合陈皮和普洱而成的特型紧压茶，既含有普洱茶的醇厚滋味，又含有陈皮的甘香清新。陈年橘普茶具有暖胃、燥湿化痰和减肥降脂的作用。

制作工序

橘普茶的制作工序相对复杂，首先要挑选优质的柑橘，并在其底部割开一个小洞，把里面的橘肉掏空后放入普洱茶，最后经过一定时间的炉温暗火烘烤和晒制，一个完整的橘普茶才能完成。

选购指导

在挑选橘普茶时，可观察其外观，一般以陈皮薄而无焦味者为佳。当然，里面普洱茶叶的品质和等级也会影响橘普茶的口感。另外，陈年橘普茶的年份也很重要，存放时间越久，口感愈佳，两年的陈年橘普茶肯定好过一年的陈年橘普茶。

荔枝红茶

果味茶

主要产地

广东省清远市英德一带的茶厂

品质特征

条索：条索细紧，匀整

色泽：乌黑油润

汤色：红浓明亮

香气：甜香浓郁，有荔枝香

滋味：浓强鲜爽，甜润

叶底：柔软红艳

汤色：红浓明亮
叶底：柔软红艳

荔枝红茶为新创名茶，于20世纪50年代由广东省茶叶进出口公司创制而成。其外形和上等的条形红茶相似，但是搭配了荔枝果汁调制，使其拥有了荔枝风味。

采摘与制作工序

原料采用的是工夫红茶，多以上等英德工夫红条茶为主。制作方法是以传统工夫红茶加工而成的红条茶融入鲜荔枝果汁，采用科学的配方和特殊工艺技术，使优质红茶充分吸收荔枝果汁液香味而成的。

选购指导

广东英德茶厂是广东久负盛名的茶厂，所产荔枝红茶品质较佳。

品质鉴别

从外形上看，荔枝红茶条索紧细，色泽油润；冲泡后内质香气具甜香，有荔枝香，滋味鲜爽甜润。

主要产地

福建省闽东宁德市福鼎市

品质特征

条索：紧结，呈球形或蘑菇状

色泽：黄绿或翠绿

汤色：黄绿清亮

香气：茶香和花香融合

滋味：醇和鲜爽

叶底：茶芽嫩绿，整体形如盛开的牡丹花

特殊花形工艺茶是新创名茶，是由多个茶芽捆扎成形的花形茶，主要产于福建省福鼎市等地，安徽省黄山市也有生产。花形工艺茶名曰“工艺”，大部分是由手工制作的，茶叶原料来自于谷雨前采摘一芽一叶尚未完全展开之鲜叶，然后经杀青、轻揉、初烘理条、选芽装筒、造型美化、定型烘焙、足干贮藏等制造工序而成，工艺要求非常严格。

花形工艺茶另一个独特的地方在于利用花的美感和药用价值，使其与茶的品质结合，大大提升了茶的品味。在花源的选择上，通常以茉莉花、百合花、山茶花、金莲花、千日红、金盏菊等可食用鲜花为主，将其烘焙到九成干后用棉纱线串过花蕊，并整理成型烘干，最后把捆扎好的茶芽和花蕊捆束到一起，并模压成各种形状（如球形），烘干装袋。

花形工艺茶不仅供饮用，还可以用于欣赏，泡的是茶，赏的是花。绿茶的清香中夹杂着花蕊的芬芳，将嗅觉和视觉的享受发挥得淋漓尽致，仿佛是自己亲手种下的一枚茶种，盼着它伸展、开花一般，那千姿百态、盈盈浮动的花蕊也的确是不折不扣的“锦上添花”。

由于花形工艺茶冲泡后的形状丰富而优美，代表着喜庆吉祥之意，深受欢迎，因此也常被人们用作婚寿、礼宾招待之珍品。

七子献寿

主要成分

绿茶银针、千日红、茉莉花

主要功效

具有止咳平喘、清肝定喘、护肤养颜、利尿等功效。

茉莉仙女

主要成分

绿茶银针、百合花、茉莉花

主要功效

具有缓解头痛、调理胃肠、改善睡眠、稳定情绪等功效。

金盏银台

主要成分

绿茶银针、金盏菊、茉莉花

主要功效

具有行气活血、治胃寒痛、抗菌消炎等功效。

花开富贵

主要成分

绿茶银针、白菊、千日红

主要功效

具有止咳定喘、抗菌消炎、降压排毒、美容护肤等功效。

玉衣金莲

主要成分

绿茶银针、玉蝴蝶、金莲花

主要功效

具有止咳定喘、润肺祛风、清热解暑、排毒养颜等功效。

仙桃献瑞

主要成分

绿茶银针、茉莉花、千日红

主要功效

具有理气开郁、避秽和中、消炎止痛等功效。

丹桂飘香

主要成分

绿茶银针、百合花、桂花

主要功效

具有抗菌消炎、排毒养颜、美容护肤等功效。

飞雪迎春

主要成分

绿茶银针、金盏菊、佛手

主要功效

具有杀菌、利尿、助消化、解热、缓解痛经、促进血液循环等功效。

附录一

中国其他名茶一览表

茶类	名茶名称	主要产地	创制年代	品质特点	主要工艺
绿茶	望海云尖	浙江新昌	20世纪80年代	扁平光滑，绿翠隐毫，茶汤香气持久，滋味醇爽，叶底嫩绿	青锅、摊凉、辉锅、整形
	泉岗辉白	浙江嵊州	明代	呈颗粒状，盘花弯曲，绿中带白，茸毛显露，汤色清澈明亮，香高味醇，叶底嫩黄成朵	杀青、初揉、初烘、复烘、炒二青、辉锅、摊凉
	雪水云绿	浙江桐庐	1987年	紧细略扁，色泽嫩绿，汤色清澈明亮，叶底嫩匀完整	杀青、初焙、复焙、分级
	磐安云峰	浙江磐安	1985年	紧细挺秀，芽叶肥嫩，翠绿显毫，汤色嫩绿明亮，香高持久，滋味鲜爽甘甜，叶底嫩匀鲜亮	摊凉、杀青、做形、烘干、拣剔储藏
	望府银毫	浙江宁海	20世纪80年代	紧细披毫，嫩绿乌润，香高味醇，爽口甘甜，汤色嫩绿明亮，叶底黄绿柔软	杀青、摊凉、揉搓做形、烘干
	建德苞茶	浙江建德	1870年	肥壮嫩绿，银毫显露，嫩香持久，汤色嫩绿明亮，滋味鲜醇，叶底明亮成朵	摊放、杀青、揉捻、理条、初烘、整形、复烘
	东白春芽	浙江东阳	唐代	形似兰花，色嫩绿，具嫩板栗香，汤色清澈明亮，滋味鲜醇，叶底匀齐嫩绿	杀青、炒揉、烘干
	兰溪毛峰	浙江兰溪	1972年	条索肥壮，色泽黄绿，银毫披身，汤色清亮，香气清高，滋味鲜爽，叶底绿黄	摊放、杀青、揉捻、烘干
	兰溪银露	浙江兰溪	20世纪80年代	芽叶肥壮，色绿显毫，汤色清澈明亮，香高持久，味鲜醇厚	杀青、理条、搓条、整形、烘干
	二泉银毫	江苏无锡	1986年	条形挺秀，翠绿，汤色嫩绿，清香持久，滋味鲜醇，叶底匀整	杀青、揉捻、干燥
	银芽茶	江苏金坛	1985年	扁平光滑，显峰苗，似短剑，汤色鲜绿，香气高爽	杀青、揉捻、干燥

（续表）

绿茶	华山银毫	安徽六安	1993年	细嫩紧结，锋苗显露，绿润，汤色明亮，嫩香持久，滋味醇爽，叶底嫩绿	杀青、烘焙、抽蕊、复火焙香
	天华谷尖	安徽太湖	1986年恢复生产	扁平匀直，黄绿，毫毛披身，汤色清澈明亮，叶底嫩绿匀齐	杀青、理条、做形、摊凉、初烘、复烘
	东至云尖	安徽东至	20世纪80年代	扁平翠绿，汤色嫩绿明亮，香气高锐持久，滋味鲜醇柔和，叶底肥嫩黄绿	杀青、做形、清风、干燥、摊凉
	天柱剑毫	安徽潜山	唐代	外形扁平如剑，色绿显毫，汤色碧绿清澈，香气清雅持久，滋味鲜醇回甘，叶底匀整鲜嫩	杀青、做形、提毫、烘焙
	铜陵野雀舌	安徽铜陵	明末清初	形似兰花，嫩绿，汤色清澈明亮，滋味鲜爽，叶底嫩绿成朵	摊青、分级、拣剔、杀青、摊凉、提毫、干燥
	敬亭绿雪	安徽宣州	明代	形如雀舌，翠绿，身披白毫，汤色清澈，香气清新持久，滋味醇和甘爽，叶底嫩绿成朵	杀青、做形、干燥
	金寨翠眉	安徽金寨	1986年	纤细如眉，显毫，色绿油润，汤色明亮，滋味鲜醇，叶底黄绿匀亮	炒芽、毛火、小火、足火
	天山真香	安徽旌德	1982年	似雀舌，黄绿显毫，有金黄鳞片，汤色清澈明亮，兰香持久，滋味鲜醇，叶底柔嫩	摊青、杀青、做形、初烘、复烘、整形、足烘
	婺源墨菊	江西婺源	1987年	形如菊花，墨绿色，汤色黄绿明亮，香高持久，滋味甘醇，叶底如菊花	杀青、轻揉、炒坯、理条、扎花、整形、初烘、复烘
	灵岩剑峰茶	江西婺源	1985年	外形扁平匀直，形似剑锋，色泽翠绿，汤色黄绿明亮，滋味鲜爽，叶底嫩匀鲜亮	杀青、理条、做形、烘焙
	白毛猴	福建政和	民国初	自然卷曲，银灰披毫，似白色小猴，汤色黄绿清澈，香气浓郁清纯，滋味醇和回甘，叶底浅黄绿色	萎凋、杀青、揉捻、初烘、复焙整形

（续表）

绿茶	清淮绿梭	河南桐柏	1985年	条索紧秀，形如梭，色泽绿而乌润，汤色清澈，香气持久，滋味醇爽，叶底嫩绿匀齐	杀青、揉捻整形、初烘、摊凉、复烘
	仙人掌茶	湖北当阳	唐代	扁平似掌，翠绿披白毫，汤色嫩绿清亮，清香淡雅，鲜醇爽口，叶底匀整嫩绿	杀青、炒青、烘干、增香提毫、冷却、拣剔
	鄂南剑春	湖北咸宁	20世纪60年代	条索扁平挺直，尖削似剑，色泽翠绿，汤色碧绿，清香持久，滋味甘爽，叶底嫩绿成朵	摊放、杀青理条、干燥、整形、包装
	竹溪龙峰	湖北竹溪	20世纪60年代	条索紧结壮实，色泽翠绿，汤色清澈、嫩绿明亮，清香持久，滋味浓醇爽口，叶底嫩绿匀整	杀青、揉捻、炒青、复揉、干燥、包装
	洞庭春芽	湖南岳阳	1986年	紧结圆直，峰苗秀丽，银毫披露，香气馥郁，汤色清澈，滋味醇爽，叶底嫩绿	杀青、摊凉、初揉、烘干、复揉、理条、提毫、足干、拣剔
	仁化银毫	广东仁化	清代以前	紧直稍弯，芽叶粗壮，色泽嫩绿，汤色明亮，香气清幽，滋味鲜爽，叶底鲜嫩	摊青、杀青、揉捻、理条提毫、烘焙
	八仙云雾	陕西平利	20世纪80年代	条索紧秀挺直，翠绿显毫，汤色嫩绿清澈，滋味醇爽回甘，叶底肥嫩匀整	杀青、揉捻、初烘、理条、整形、烘干
	文君绿茶	四川邛崃	1979年	条索紧细圆直，多毫，色泽翠绿油润，汤色碧绿清亮，香气鲜浓，滋味醇爽甘甜，叶底嫩绿匀亮	摊放、杀青、揉捻、炒揉、做形提毫、毛火、足火
	贵州银芽	贵州湄潭	1987年	挺直如剑，色泽黄绿显毫，汤色清澈，香气似花香，滋味醇爽回甘，叶底完整明亮	晾青、杀青、摊凉、做形、烘干
	梵净翠峰	贵州印江	20世纪90年代	扁平直滑，形似雀舌、色泽翠绿，汤色明亮，清香鲜醇，叶底嫩绿柔软	摊放、炒制、杀青、摊凉、做形、辉锅、提香、包装
	秦巴毛尖	陕西镇巴	20世纪80年代	肥壮，茸毫显露，香高持久，滋味浓醇，叶底明亮	杀青、压实、提毫、拣剔、复火焙香

（续表）

红茶	红牡丹	安徽东至	1991年	花朵形，金毫显露，汤色红亮，滋味香甜	萎凋、揉捻、发酵、理条扎花、做形、烘焙
	金井红碎茶	湖南长沙	清代	颗粒状，紧结重实，色泽乌润，汤色红浓明亮，香高鲜美，叶底红艳均匀	萎凋、揉切、筛分、发酵、烘干、精制
	广东红碎茶	粤西、粤中、粤北	20世纪50年代	碎茶颗粒紧结，乌润香高，汤色红艳有金圈，味浓鲜爽	萎凋、揉切、发酵、烘干、毛茶分堆
	百色红碎茶	广西百色	20世纪70年代	颗粒紧实，乌黑，汤色红艳，香高持久，滋味浓强鲜爽	萎凋、揉切、发酵、干燥
乌龙茶	兴宁大叶奇兰茶	广东兴宁	1986年	条索紧结壮实，色泽沙绿油润，汤色橙黄，香高持久，滋味醇厚，甘润爽口	晒青、做青、杀青、初揉、初焙、复揉
	大埔西岩乌龙茶	广东大埔	20世纪70年代	条索紧结油润，汤色橙黄明亮，有花蜜香，滋味醇和干爽	晒青、晾青、摇青、杀青、揉捻、烘焙
	闽北水仙	福建闽北	清代	条索壮实，叶短稍曲，色泽油润暗沙绿，汤色清澈橙黄，叶底匀整	萎凋、摇青、杀青、揉捻、烘干
白茶	仙台大白茶	江西上饶	20世纪80年代	芽叶肥实，翠绿，白毫披身，有光泽，汤色清澈明亮，香气幽雅，味醇爽口	萎凋、干燥、拣剔
黄茶	远安鹿苑	湖北远安	南宋	环状，白毫显露，色泽金黄，汤色杏黄明亮，清香持久，滋味醇和甘甜，叶底嫩黄匀整	杀青、炒二青、拣剔、炒干
花茶	越岭特制桂花茶	广西桂林	1988年	茶与花相融，香气清幽持久，汤色明亮，滋味鲜醇	茶坯加工、窨制工序
	特级玉兰花茶	广西梧州	1990年	外形自然优美，香气浓郁独特，汤色金黄，滋味鲜醇	窨制工序
黑茶	安茶	安徽祁门	明末清初	紧结匀齐，黑褐乌润，汤色橙黄明亮，香高似槟榔香，滋味鲜爽，叶底黄褐乌润	杀青、揉捻、晒坯、烘干、闷烘、拣剔、复烘
紧压茶	金瓜贡茶	云南思茅	清代	形似金瓜，金黄色，汤色金黄油亮，香气浓郁纯正，滋味醇厚，叶底肥嫩柔软	杀青、揉捻、通风、晒青、风干陈化、筛分、紧压干燥

附录二 茶叶品质审评常用专业术语

我国茶叶的品质受到诸多因素的影响，等级、品质状况错综复杂，要想以非常完整、完全统一的评语表述，是较为困难的。现将一些常用的评语，按照审评的项目先后分述如下。

外形评语	
紧秀	条细而紧、秀长、锋苗显露
紧结	有锋苗，卷紧而结实
紧直	紧卷、完整而挺直
紧实	紧结重实，嫩度稍差，少锋苗
肥壮	芽肥、叶肉厚实，柔软卷紧，形态丰满
壮实	芽壮、茎粗、条索肥壮，身骨较重实
粗壮	条索粗而壮实
粗大	与正常规格茶相比，条索或颗粒较粗
平直	条索平整而挺直，扁茶扁平挺直
显毫	披有较多白毫（茸毛）
匀齐	长短、大小一致，老嫩整齐
匀净	匀称、净度好，无梗朴及其他夹杂物
匀称	条索、颗粒大小一致，上、中、下3段茶配比适当
细紧	条索细长、卷紧而完整
细嫩	条索细紧显毫
粗松	嫩度差，条索卷紧度差而松散
重实	身骨重，以手权衡有沉重感，一般是叶厚质嫩的茶叶
轻飘	手感很轻，茶叶粗松，一般是低级茶
浑圆	条索圆而紧结挺直
扁削	扁平光滑，夹锋显露，形似矛
扁平	扁直坦平
光滑	形状平整，质地重实，光滑发光

（续表）

扁条	条砖扁，制工差
扁块	结成扁圆形或不规则圆形带扁的团块
卷曲	形似螺旋状卷曲的茶条
弯曲	条索不直，呈钩形或弓形
短碎	面张条短，碎末茶多，无整齐匀称之感
细圆	茶条或颗粒卷得很紧，身骨重实
圆紧	颗粒圆而紧实
圆结	颗粒圆而结实
紧条	条扁而过紧过窄
挺秀	挺直，显锋苗，外形挺秀尖削
光结	表面光滑平整，质地重实
片状	茶叶平摊不卷，身骨轻，呈片状
粗糙	外形大小不匀，不整齐
蜻蜓头	茶芽肥壮，茶条叶端卷曲如螺钉，紧结沉重
扭曲	茶条扭曲，叶端折皱重叠
起砂粒	体型细小呈砂粒状
颗粒状	碎形茶的外形似颗粒，身骨重实
紧卷	颗粒状卷得很紧
端正	砖身形态完整，棱角整齐，表面平整
纹理清晰	砖面花纹图案、商标、文字等标记清晰
紧度适合	压制松紧适度
黄花茂盛	茯砖茶中的金黄色子囊孢子称“金花”，发花茂盛的品质为佳
包心外露	里茶外露于表面
烧心	紧压茶中心部分略黑或发红，烧心砖多发生霉变
完整	压制茶形态端正，无破损残缺

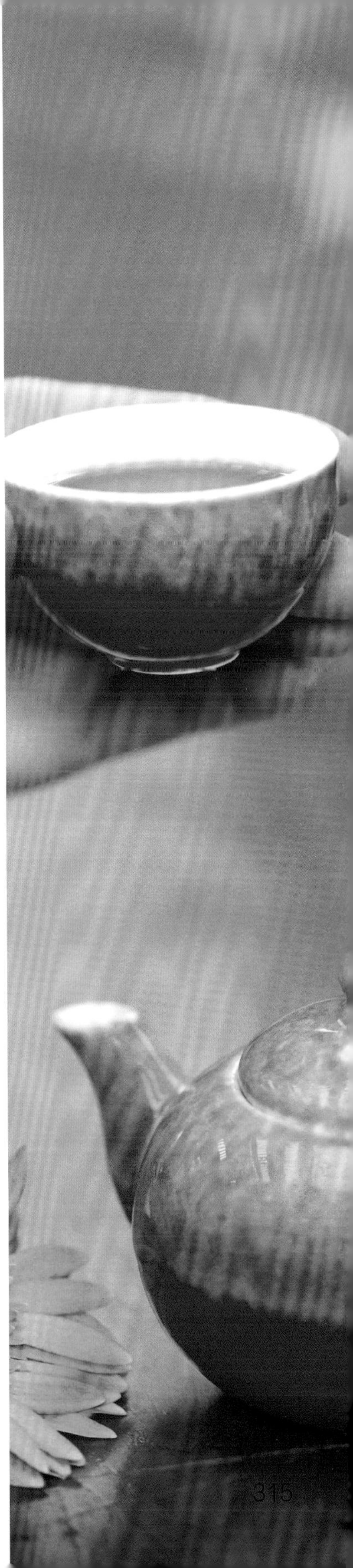

干茶色泽评语	
翠绿	色似翠玉而富有光泽
嫩绿	浅绿嫩黄，富有光泽
深绿	色近墨绿，有光泽
绿润	色绿而鲜活，富有光泽
起霜	表面带银灰色，有光泽
暗绿	色深绿显暗，无光泽
青绿	绿中带青，光泽稍差
黄绿	绿中带黄，光泽稍差
灰暗	绿中带黄，光泽稍差
嫩黄	色浅黄光泽好
乌润	色黑而光泽好
砂绿	绿中似带砂粒点
青褐	褐中泛青
黄褐	褐中泛黄
黑褐	褐中泛黑
灰褐	色褐带灰，无光泽
猪肝色	红而带暗，似猪肝的颜色
褐红	红中带褐
棕褐	棕黄带褐
棕红	棕色带红，叶质较老
乌黑	色乌黑而有活力
花杂	叶色不一，杂乱，净度差

香气评语	
清香	清纯柔和，香气欠高，缓缓散发，很幽雅
花香	香气鲜锐，似鲜花香气
高香	香高而持久，刺激性强

（续表）

栗香	似熟栗子香，强烈持久
浓	香气饱满，无鲜爽的特点，或者指花茶的耐泡率
纯	茶叶香气正常
鲜灵	茶香显鲜而高锐
持久	茶香持续时间长，直至冷却尚有余香
毫香	嫩芽的香气
幽香	茶香幽雅而文气，缓慢而持久
馥郁	香气鲜浓而持久，具有特殊花果的香味
高爽持久	茶香持久，浓而高爽，具有强烈的刺激性
鲜嫩	具有新鲜悦鼻的嫩香气
清高	清香高爽，柔和持久
嫩香	毫香显露而细腻
甜香	香高有甜感，似足火甜香
浓郁	香气浓而持久，具有特殊花果香
浓烈	香气高长愉快，无明显花香
高火	茶叶加温过程中温度高并且时间长，干度十足所产生的火香
老火	干度十足，带有轻微的焦气
焦气	干度十足，有严重的老火
陈气	茶叶贮藏过久而产生的陈变气味
平和	香气平淡稀薄，但无粗杂气
纯正	香气纯净而不高不低，无粗杂气
纯和	稍低于“纯正”
青气	带有鲜叶的青草气
粗气	香气低，有粗老气味
松烟香	茶叶吸收柴熏焙的气味，为黑毛茶和正山小种的传统香气
陈香	茶叶久贮，香气陈纯，无霉气

汤色评语	
嫩绿	浅绿微黄
黄绿	绿中带黄
浅黄	色黄而浅
深黄	汤黄而深，无光泽
橙黄	黄中微带红，似橙色或橘黄色
黄亮	茶汤黄而明亮
清澈	清净透明而有光泽
鲜艳	鲜明艳丽而有活力
鲜明	新鲜明亮略有光泽
明亮	茶汤清净透明
金黄	以黄为主，微带橙黄，有深浅之分
橙黄	黄中微泛红，似橘黄色，有深浅之分
橙红	红中泛橙色
蜜绿	浅绿略带黄
红艳	汤色红而艳，有金圈，似琥珀色
红亮	红而透明，有光亮
红明	红而透明，略有光彩，亮度仅次于“红亮”
深红	汤色红而深，无光泽
暗红	汤色红而深暗
棕褐	褐中泛棕
红褐	褐中泛红
冷后浑	红茶茶汤冷却后出现的乳状浑浊现象，也称“乳凝”

滋味评语	
鲜爽	鲜洁爽口，有活力
浓烈	味浓不苦，收敛性强，回味甘爽
浓厚	味浓而不涩，浓醇适口，刺激性强而持续，回味清甘

（续表）

浓强	味浓，具有鲜爽感和收敛性
鲜浓	口味浓厚而鲜爽，含香有活力
回甘	茶汤入口后在舌根和喉部有甜感，并有滋润的感觉
醇厚	茶汤鲜醇可口，回味略甜，有刺激性
醇正	清爽正常，略带甜，刺激性不强
醇和	醇而平和，回味略甜，刺激性比醇正弱比平和强
浓醇	口味浓，回味爽略甜，无刺激性
甜爽	滋味清爽，带有甜味
醇爽	滋味醇和鲜爽
鲜醇	滋味鲜爽欠浓，刺激性不强
平和	味正常，有一定浓度，刺激性弱
涩口	茶汤入口有麻嘴厚舌之感
苦	茶汤入口即有苦味，后味更苦
苦涩	涩中带苦
陈味	茶叶贮藏久而产生的陈变气味
淡薄	入口稍有茶味，以后就淡而无味

叶底评语	
细嫩	芽头多或叶子细小嫩软
柔软	叶质柔软如棉，按后伏贴盘底
柔嫩	嫩而柔软
匀齐	大小、老嫩、色泽一致
嫩匀	叶质细嫩匀齐柔软，色泽调和
肥厚	芽头肥壮，叶质丰满厚实，叶脉不露
肥嫩	芽头肥壮，叶质鲜嫩
开展	叶张展开，叶质柔软
摊张	叶质粗老的单片叶
匀	老嫩、大小、厚薄、整碎或色泽等均匀一致

（续表）

杂	老嫩、大小、厚薄、整碎或色泽等不一致
粗老	叶质粗梗，叶脉显露
皱缩	叶质老，叶面卷缩起皱纹
瘦薄	芽头瘦小，叶张单薄
薄硬	叶质老瘦薄较硬
鲜亮	鲜艳明亮
明亮	有光泽
暗	色暗沉无光泽
暗杂	叶色暗沉、老嫩不一
破碎	断碎、破碎叶片多
焦斑	叶张边缘、叶面或叶背有局部黑色或黄色烧伤斑痕
硬杂	叶质粗老、坚硬、多梗、色泽驳杂
花杂	叶底色泽不一致
嫩绿	叶质细嫩，色泽浅绿明亮
翠绿	色如青梅，鲜亮悦目
黄绿	绿中带黄，亮度尚好
嫩黄	色浅绿透黄，黄里泛白，叶质嫩度好，明亮度好
红匀	红色深浅一致
红亮	红而明亮，欠鲜艳
红艳	叶底红润，鲜艳悦目
黄褐	褐中带黄，无光泽
青褐	褐中泛青
黑褐	褐中泛黑
黑暗	黑而不亮
黄黑	黑中带黄
黄暗	叶色枯黄而暗，叶质老
红褐	褐中泛红
红边	绿叶有红边或红点，红色明亮鲜艳
软亮	叶质柔软，叶色透明发亮